はじめに

二〇〇六年に『環境問題のウソ』（ちくまプリマー新書）を出[illegible]年の歳月が流れ、この度これを全面的にリニューアルして最新知見を盛り[illegible]新書を上梓することになった。環境問題は人間の活動によって引き起こされた[illegible]ことだが、何をもって不都合と考えるかは人によってあるいは時代によって変わる。

例えば、昭和の初期頃まで、外来生物を移入することによる在来生態系の多少の変化を不都合と考える人はほとんどいなかったので、これが環境問題だと意識されることはなかった。近年になり、在来の生態系を保全すべきだという考えの人たちが現れ、これらの人たちにとっては、外来種の導入は不都合なので、これがにわかに環境問題として浮上したのである。

新型コロナウイルスによるパンデミックは世界人口の増大と交通網の発達によってもた

らされたものだ。パンデミックはほとんどの人にとっては不都合なので、これは紛れもない環境問題なのだが、環境問題であると意識している人は少ない。パンデミックを恒久的に防ぐには、人の移動を制限して半鎖国状態にすればいいのだが、グローバル・キャピタリズム下の世界ではこれは不可能な方策である。交通事故も人為的な活動によって起こされた紛れもない環境問題で、恒久的に解決するには自動車を全廃すればいいが、現代社会ではこれまた不可能なことは自明である。原理的には環境問題を解決する方途はあるが、解決策が、あまねく行き渡っている社会システムとバッティングして、現実的には不可能な場合、そもそもこれが、環境問題だということを認識する人はほぼいなくなる。マジョリティが考えたくもない解決策は、なかったことになってしまう。

　環境問題の解決策が資本主義と決定的にバッティングしない限り、解決策は法律になったり、条例になったりして日の目を見るが、資本主義とバッティングする時は、うやむやにされることが多い。例えば、生物多様性を保全すると称して、希少な昆虫類の採集や取引を禁止する法律や条例が、雨後の筍のように作られているが、棲息地を保全する法律や条例を作ることには行政は及び腰である。絶滅寸前の昆虫類を救うには棲息地の環境保全が最も喫緊の方策なのだが、開発の規制は開発によって儲けようとする資本の思惑と背反するので、法制化されることは滅多にない。

それに対し、採集禁止という一般人に分かりやすい方策はほとんどの場合役に立たず、ましてや標本の譲渡の禁止などという私有財産を否定する憲法違反の法律は、希少種の保全には何の役にも立たないが、大資本の利益にはいかなるダメージも与えないので、行政にとっては、生物多様性の保全をしているふりだけはできる。かくして採集禁止になった希少昆虫の多くは、棲息地の保全という最も有効な保護対策は無視されて、多くの場合絶滅への階段を転がり落ちて行くことになる。

行政が一番熱心に進める環境問題への対策は、資本が儲かる対策で、その最たるものは気候変動に対する対策である。一九六〇年代後半から一九八〇年頃まで、気候学者たちは地球寒冷化を警告していた。しかし、地球寒冷化は自然現象で、これを止める方途はなかったので、地球寒冷化防止法といった法律が作られることはなかった。

しかし、一九八〇年代に入り地球の平均気温が上昇を始めると、その主たる原因はCO_2をはじめとする温暖化効果ガスの人為的な排出ではないかとの説が現れ、瞬く間に世論を席巻し始めた。地球温暖化が人類にとって不都合で、しかもその原因が人為にあるとすると、これは紛れもない環境問題ということになる。ところで、人間が生産活動や経済活動をするにはエネルギーが不可欠で、その当時エネルギーは主として石油や石炭という化石燃料に頼っていたので、資本主義が発展するためにはCO_2を排出せざるを得なかったのだ。エネルギー源が化石燃料以外全くないのであれば、化石燃料の消費を減らすという選択肢は、資本主義の発展とバッティングするので、人為的温暖化問題は一部の人が騒ぐだけで、資本主義にディペンドしているマジョリティによって抹殺されたに違いなく、ここまで大きな騒ぎにはならなかったはずだ。

ところが、幸か不幸か、CO_2をあまり排出しないエネルギー源があり、資本主義は、化石燃料に固執するよりも、新エネルギーを開発して、人為的温暖化を抑制しているふりをする方が、儲かりそうだということに気が付いた。かくして、人為的地球温暖化説は大々的に報じられ、CO_2を少しでも削減できると謳う技術の開発や使用は素晴らしいという宣伝がなされ、CO_2を削減するという大義名分のもとに、様々な法律が作られ、政府は税金を投入して、関連企業の発展を後押ししたのである。日本は人為的温暖化防止のために一年に三兆円もの税金をつぎ込んでいる。

人為的地球温暖化論は実証されたわけではなく、いまだ一つの仮説にすぎないのだけれども、これが正しいという前提のもとに一度システムが立ち上がってしまうと、ネガティブなエビデンスが出てきても、システムが潰れると困る、人為的温暖化論にディペンドしている企業、省庁、学者は、自分たちの主張に不利なデータは無視し、ときにはデータを改竄してまで、この仮説を死守しようとする。ＮＨＫや朝日新聞といったマスコミも、人為的温暖化論に有利なニュースしか流さないので、今や日本人の大半は人為的地球温暖化を真理と信じて、税金をむしり取られている。こうなると環境問題が流行るかどうかのキモは、科学的な合理性があるかどうかではなく、このお題目で儲かるかどうかということになってくる。

一度システムが出来上がり、それにディペンドして儲かる企業が沢山現れると、システムの合理性を支えるエビデンスが間違っていたことが分かっても、システムは潰れないで存続する。その好例はダイオキシンに関する規制である。もう忘れている読者が多いかもしれないが、一九九九年に所沢のホウレンソウに高濃度のダイオキシンが入っているとの情報が流れ、マスコミを挙げての騒ぎになり、あれよあれよという間にダイオキシン法が制定され、ゴミは高級焼却炉で燃やすことが義務付けられ、家庭用の焼却炉や焚火は禁止になった。

ほどなくして、どんなやり方でゴミを燃やしても、健康被害が出るほどのダイオキシンが作られることはあり得ないことが科学的に証明されたが、ダイオキシン法が取り消されることはなかった。この法律によって儲けている業者が沢山現れたからである。問題はこれらの業者に入るお金の原資は税金だということである。ダイオキシン法を廃止すれば、もっと有意義なことに税金を使うことができるのにね。

一時騒がれた環境ホルモンによってオスがメス化するという話は、その後全くのガセネタだということが分かって、今では科学技術史の片隅に追いやられたジャンク仮説のひとつになり、言及する人もいなくなった。幸運にも、環境ホルモンをネタに企業が儲かるシステムを作ることができなかったので、立ち消えになったしまったのだ。悪知恵が働くやつがいて、儲かるシステムを立ち上げたなら、「環境ホルモン規制法」といった法律ができて税金がつぎ込まれていたに違いない。

科学的エビデンスを無視して、環境悪化に拍車をかけるシステムを、政治的な判断で推進している最悪な例は原発であろう。三・一一の原発事故で、原発が大事故を起こせば、悲惨なことになることは自明になったにもかかわらず、原発産業にディペンドしている資本とこれを後押しする日本政府は、原発を廃止するどころか新たに造ろうとさえしている。地震列島日本で今後五〇年の間に、大地震が勃発して、福島第一原発の二の舞のような事故が起こる確率は極めて高いが、電力会社や政府はそのことに頬かむりを決め込んで、短期的な利益の追求に余念がない。

人為的地球温暖化問題では五〇年後の危機を煽って、国民の血税を湯水のように使うことを正当化しているのと好対照だが、実のところはエコという美名のもとに短期的な利益を追求していることに変わりはない。大義名分があるところではこれを振りかざし、大義名分がない時にはマスコミともども批判をスルーして、とりあえず、グローバル・キャピタリズムの延命を図ろうとしているわけだ。

しかし、ＡＩがますます発達して、多くの労働をＡＩに任せられるようになると、資本主義はクラッシュを余儀なくされ、新しいシステムを構築せざるを得なくなる。それについては、ぜひ本文を読んでいただきたい。バラ色の未来が来ることを願っているが、私はもはやこの世の人ではないので、この目で見られないのは残念である。

二〇二〇年八月　ヤマトシジミだけが元気な高尾の寓居にて　池田清彦

環境問題の嘘 令和版——目次

第二章　地球温暖化の嘘

第三章　エネルギー問題の嘘

第四章　ゴミ問題の嘘

第五章　食料問題の嘘

第六章　人口問題の嘘

第七章　未来をつくる問題解決策

序章　「環境」の「問題」とは何か

環境問題は自然保護と公害だけではない

多くの人はもう忘れているかもしれないが、かつて「環境問題」と言えば、自然保護と公害のことだった。

自然をどうやって保護するか、野生生物をどうやって保護していくのか、これが自然保護論者たちの最大の「環境問題」だった。

一般の人々にとっては、大気汚染に代表される、いわゆる「公害」が大問題だった。高度成長期後の「四日市《よっかいち》ぜんそく」（一九五九〜七二年）や、一九七〇年代によく発表された「光化学スモッグ注意報」などが記憶に残っている人もまだ多いだろう。実は、光化学スモッグ注意報の発表延べ日数は、いったんピークが収まったものの、一九八〇年代に一〇〇〜二〇〇日前後を推移した。二〇〇七年にも二〇〇日を超えた。

まず、「自然保護」について考えてみる。自然が人間の力より圧倒的に強かった頃は、自然保護などという概念はなかった。一八世紀半ばから一九世紀にかけて第一次産業革命が起こり、人間の力が自然を変え得ることが分かってはじめて自然保護という思想が芽生えたのだ。自然保護思想の先駆者と言われるアメリカの作家H・D・ソローは一八一七年に生まれ、一八六二年に歿《ぼっ》した。

日本では、一九五〇年に「文化財保護法」が制定されたが、その前身の一つは一九一九年に公布された「史蹟名勝天然記念物保存法」である。二〇世紀初頭から天然記念物の指定などといったやり方で、希少な自然物を保護しようとしてきたのである。天然記念物には、阿寒湖のマリモや奈良の春日山原始林などの地域指定のものや、ライチョウ、トキ、コウノトリ、カモシカなどのように、種の保存に重点をおいたものなど、いくつかのタイプがあるのは周知のことであろう。

しかし、そのうちそんなやり方では根本的な自然保護にはならないということが分かってくる。個別の種《しゅ》だけを切り取って保護することは不可能で、その種が生活している地域全体を保護しなければならない、生態系全体を保全しようという考えが出てきた。

具体的には、国立公園の指定をするとか、自然保全地域の指定をするといったやり方である。アメリカでは国立公園の指定と整備は早い時期からなされていたし、あるいはオーストラリアでは環境レンジャーが数多くいて、現在でもそういう自然保護活動に力が注がれている。

日本で最初に国立公園に指定されたのは、瀬戸内海国立公園、雲仙国立公園、霧島国立公園（一九三四年）であるが、初期の目的は自然保護というより、国民の体力強化のためのフィールドという面が強かった。現在では国立公園の数は三四に増え、生物多様性の保全のためということが強調されるようになってきた。

自然保護の活動は世界各地で旺盛に行われているが、保護者たる人間の、人口の増加を忘れるわけにはいかない。二〇世紀の初めには地球全体で一六億五〇〇〇万だった人間の数は、現在七八億に届こうかという勢いで増加してきた。当然、人口が増えれば、そのぶん自然に対する圧迫も増す。単純な図式で言えば、もともとは、地球上の資源を全生物がシェアしていた状況だった。それを、人間が増えて、増えた人間が野生生物のぶんを横取りするようになったという話である。

エネルギーの面でも、食物《しょくもつ》の面でも、地球の生産性やバイオマス（生物資源）は基本的にそんなに変わらないのだから、人間が増えれば増えるほど野生生物はいなくなるというのは当たり前の話であって、人口を減らさずに野生生物の保護を徹底するのは原理的に無理である。だから、自然保護は大事なことではあるにしても、野生生物の生息状態を、例えば一世紀前に戻すのは不可能である。

もちろん、人間もまた自然の生態系の一部である。

生態系は、大きく分けて、生産者（植物）と消費者（動物）と分解者（菌類）からなり、人間は、消費者の一員であるにすぎない。

だから、人間が、生態系を人間が生存できないほどに改変してしまえば、人類は絶滅するほかはない。後に残った生物たちがそれなりの生態系を構成し、進化していくことになる。地球の中に人間抜きの新しい自然ができる。別に地球が壊れるわけではないのである。つまり、人間が生存できないほど自然環境を改変してはいけないというのは、自然のためなんかではなくて、そうしないと人類が生き延びることができないからに決まっている。

そうであるにもかかわらず、人間だけでなく自然物そのものに生存の権利があると主張し、それを自然保護の基本の考え方に据えようとしたがる人は後を絶たない。自然を保護するのは人間のためでなく、自然そのものに価値があると考える人たちである。別の本でも触れたことがあるが、例えば倫理学者の加藤尚武《かとうひさたけ》氏は次のように主張する。

《そこで人間だけでなく、自然物そのものに権利があるのではないかという議論が巻きおこった。奴隷に権利を与え、女性に権利を与え、労働者に権利を与え、黒人に権利を与えてきた人間は、今や種や、生態系や、資源や景色にも生存の権利を認めるべきだという主張がでてきた。

もちろん、そんなことをすれば、牛を食べられない、ダイヤモンドを掘り出せないということになるから、人間は生きていけないという反対論がある。（中略）自然物に生存権を与えよという主張は、一つの小麦も、一匹の牛を食うなという主張ではない。種を人為的な絶滅から守れ、人間の恣意的な自然利用を止《や》めよという主張である。生命あるものに等しい生存権を与えるという主張なのであって、人間以外の生物に人間以上の権利を与えて絶対化することを主張しているのではない。

人間は遊びや贅沢をするために動物を殺害している。たんなる好奇心や、趣味のために生命のある自然物を破壊して利用することは自然に対する犯罪である。人間が生存に必要である以上に自然破壊をする権利は正当化できない》『環境倫理学のすすめ』（丸善ライブラリー）より抜粋。

奴隷や、女性や、黒人に権利を与える延長線上の話として自然物にも権利を与えるべき、というのはあまりにも乱暴な話である。自然物にも生存権があるなどと考えているのは、そういうことを言う人間だけで、自然物はそんなことを考えたりしない。

一見、格好よく聞こえるこういう意見の最大の問題は、人間の生活のためなら牛や小麦を食べてもよいが、趣味や贅沢のためには殺してはいけない、というトンチンカンな考えにある。生活と趣味を区別できるという考えが、そもそも間違っている。牛肉など食べなくとも生きていけるのだから、牛肉を食べるのは生活のためか趣味のためか。趣味や贅沢も生活の一部なのだ。自然物に生存権があるという考えは、端的に言って間違っている。人間は自然物を利用して生きていくしかないのである。

だから、自然物に権利があるから自然保護（野生生物の保護）をするというのとはまた別の文脈で、人間もその構成員に含まれる生態系を守らなければならない、という考えは基本的に正しい。

その生態系を脅かすものにどう対処するのかという問題は、二〇世紀の半ばから大きくなった。人間がたくさん出すようになった汚染物質が生態系を破壊することが人間にとっても問題だという認識が出てきたのである。

アメリカの生物学者レイチェル・カーソンが書いた『沈黙の春』（新潮社）が、警鐘の役目を果たした。ＤＤＴ（有機塩素系の殺虫剤）などの農薬に含まれる合成化学物質の蓄積が環境悪化を招くことを告発したこの本は大きな反響を呼んだ。この頃から、人間が汚染物質の発生源となって環境を破壊することが懸念されはじめたのである。

その後、水銀の濃縮や、農薬の濃縮の問題も、声高に叫ばれるようになった。食物連鎖によって毒物の濃縮率が高くなっていって、食物連鎖における最終的な消費者である肉食動物では、かなりの濃縮度になるということが盛んに言われるようになった。

確かに、ワシやタカ、フクロウなどを調べると、ひじょうに高濃度の水銀や鉛が体内から検出される。これらの高次捕食者が毒物によって死んでしまうということは、つきつめれば人間も食物連鎖の上のほうにいるのだから、いずれは毒物の濃縮によって生命が脅かされるようになることも意味するというわけだ。

私が学生の頃（一九六〇年代）には“Today birds, Tomorrow Man”という標語をよく耳にしたものである。これはつまり、明日になれば今度は危険に晒《さら》されるのは人間なのだよ、人間の生活がおぼつかなくなるよ、という警告だった。

環境問題には流行がある

一九五〇年代から一九六〇年代にかけてのもう一つの大きな問題は、大気汚染に代表されるいわゆる公害問題だった。しかし、日本の大気汚染は、一九六八年の大気汚染防止法の制定以降、各種規制の強化などによって改善し、公害問題は技術の進歩によってあらかた克服されてしまった。光化学スモッグも最近はほとんど見られなくなったし、真っ黒な水が流れていた川もきれいな水が流れるようになった。その後で出てきたのが、ゴミをどう処理するかという問題であった。

一九六〇年代まではゴミはそれほどに大きな問題ではなかったと思う。一九六四年の東京オリンピックに際して行われた「首都美化運動」あたりから始まったことだと思う。路上のゴミ箱が町の美観を損なう、汚いと槍玉にあげられたのである。

「白黒テレビ・洗濯機・冷蔵庫」が「三種の神器」と呼ばれたのは六〇年代初めで、その後、高度成長期となった六〇年代半ばには、「３Ｃ」（カラーテレビ・クーラー・カー〈自家用車〉）が新たな「三種の神器」と呼ばれるようになった。それにしても、そもそも家電製品の数は今ほど多くはなかったし、使いはじめで、捨てられる数も少なかったから、それらはまだ厄介なゴミにはならなかった。ほとんど使い物にならないような状態のテレビまでもが中古の商品として売られていたぐらいだったのである。ところが、今から四〇年ぐらい前、一九八〇年代からゴミの問題は急激に大きくなってきた。

家電に関連して言うと、一時、盛んに騒がれた話としてフロンの問題がある。フロンガスは、冷蔵庫などの冷媒に理想的な気体として開発された人工物質で、不燃性で、化学的に安定していて液化もしやすいという特徴を持つということで、長年使われてきたものであるが、そのフロンがオゾン層を破壊するという話だった。環境問題においてフロンガスは最大の悪玉のように言われていたものだが、いつの間にか、あまり言わなくなった。

最近では、フロンガスがオゾン層を破壊する主たる原因なのかどうも怪しくなってきたのである。どうやら、南極の温度が下がるとその上空のオゾン層が破壊されるという説が、有力になってきたらしい。つまり、オゾンホールの増大は、太陽活動に関連した南極の冬の気温の低下が主因だったのではないか、ということなのである。

また、一時「環境ホルモン」というのも大きな話題になった。医薬品の合成ホルモン剤やＤＤＴ等の殺虫剤、ダイオキシン類が内分泌攪乱《かくらん》作用、つまりホルモン類似の作用をもたらすということで、例えば、野生動物のメス化を促進するとして大騒ぎになったが、これも最近ではどうやらガセネタらしいということが分かり、言及されなくなった。

このことからも分かるように、環境問題にはある種の「流行」のようなものがある。その時どきの一番「ウケる」話題が一気に出てきて、それだけが最大で唯一の環境問題であるかのようになってしまう。逆に言えば、後のことは別にたいした問題ではないというような感じになる。

現在もっとも「ウケる」環境問題は、言うまでもなく「地球温暖化」であろう。なんでもかんでも温暖化が原因ではないかと言われる。地球温暖化を招く温室効果ガスの二酸化炭素（CO_2）の排出量をどう削減するかということが環境問題における最大のテーマのようになっているけれども、あと二〇年もしたら、CO_2の削減問題もたいした問題ではなくなるのかもしれない。CO_2の代わりに別の「問題」が大きく取り上げられるようになるのではないかという気がしてならない。ともあれいまは、CO_2による地球温暖化が環境問題における最大の「流行」になっているのだ。

有機物の循環

いまや、日本全国どこに住んでいても、指定ゴミの日が決まっていて、可燃ゴミ、不燃ゴミ、資源ゴミなどの分別が、なかば義務付けられている。その他に、家電製品・オートバイなどを有料処分として処理場に持ち込んだりもする。

家電がゴミとして出されるようになった一方で、有機物のゴミもまた、出される量が大幅に増えた。先進国では、食べ残しによる生ゴミが多くなったのだ。

日本の食料自給率は現在、四〇％弱である。つまり六〇％強の食料を他国から輸入していることになるわけだが、実は食べ物全体の三割程度は食べ残しとして捨てられているのである。

すなわち、有効利用されている食物は七割だけということになる。考えてみればこれは大変な無駄であろう。たとえ食料の自給量を増やさなくても「全部食べる」ことを徹底しさえすれば、食料自給率は実質的に上がることになるのだから。

食物を捨てることには別の問題もある。例えば、東京で、有機物のゴミが大量に廃棄されると、東京湾の汚染が進む。場合によっては「富栄養化」による赤潮の発生等を招くこともある。

富栄養化とは、簡単に言ってしまえば、生態系の中にある栄養素の量が多くなり過ぎるということである。自然の力では処理・循環の速度が追いつかないぐらいに栄養素を多く含むゴミが大量に出てきて、それらが海洋の汚染の原因になる。

有機物の循環・処理に関して言えば、東京では、私はカラスが有効な働きをしていると思う。東京はとてもカラスが多い。都民の多くはカラスのことが気に食わなくて、「駆除をしろ」という人が大勢いるけれども、カラスは、有機物のゴミの処理という点から見れば、とても良いことをしているのである。カラスがいるおかげで、東京湾の富栄養化をかなり防ぐことができている面は間違いなくあるからだ。

カラスは、昼間、海辺で有機物のゴミを漁《あさ》り、夕方になると郊外の森や林へ集まってきて、そこで糞をする。つまり、海の栄養物を内陸に運ぶという役割を果たしているのである。

ところで、栄養素はどうやって生態系の中で循環し、活《い》かされているのだろうか。一口に栄養物といってもさまざまなものがあるのだが、ここでは、生態系の制限要因として重要なリンを例にとって流れを簡単に説明しておこう。制限要因とは、その欠乏によってある事象や現象全体の機能を阻害する要素のことである。

さまざまな栄養素の中で、リンは比較的重く、気体として存在しない。リンは、最終的には沈殿物として海の底に沈んでしまうのだが、それがアップウェリング（海底から水が湧き上がってくること）により海面近くにあがってくる。そういう場所にはリンが多く、それを食べるプランクトンが豊富になり、その海域は良い漁場になる。南氷洋（南極海）、北氷洋（北極海）、そして赤道のそばが、世界三大漁場と呼ばれているけれども、例えばそのうちの赤道のそばは、寒流と暖流がぶつかって、寒流の冷たい水が沈んで海底にぶつかると、その反動で海底の水が上に向かい、年中、アップウェリングがある。だからリンが多く上がってくる。そのためプランクトンがよく繁殖し、魚がいっぱいいる。

南氷洋、北氷洋の場合、寒くなると海水は凍るわけだけれども、まず先に塩分濃度が薄い水から凍るため、氷の中の塩分は少ない。つまり、均一ではない。まわりの水は塩分が押し出されて濃くなるから、重くなる。それが海中に沈んでいき、海底に到達するとその反動で海底の水が上へあがってくる。春になると、下にあったリンをたくさん含む水があがってくる。すると、植物プランクトン、動物プランクトンが大量に発生する。次にこれらを食べる魚も大量に集まる。南氷洋と北氷洋はひじょうに寒いところにもかかわらずたくさんの魚がいるのはそういう理由によるのである。

リンは重要な栄養素だけれども、アップウェリングのようなメカニズムがないと海の底に沈殿して陸上生態系や中層以上の海洋生態系では利用できる量がどんどん減少してきてしまう。カラスのような動物はリンを海から陸に上げる役割を果たしている。だから、もし東京からカラスが全くいなくなるようなことがあれば、東京湾周辺のリンの循環速度は低下してしまうだろう。

増えているのはCO_2だけではない

富栄養化のような、有機物のゴミの循環がうまくいかなくなるという問題とは別に、本来の自然のサイクルでは処理しきれないさまざまな種類のゴミがたくさん出てきたという問題もある。

まず石油から作られた製品が増え、工業化が進んだことで、さまざまな汚染物質が増えた。生物が処理できないプラスチックによる海洋汚染は将来大きな問題になりそうである。石炭や石油や石油製品を燃やすと硫黄を含んだ煙が出る。よく知られているのは亜硫酸ガスだろう。そして、CO_2も排出される。石油を燃やせば、自然界で処理できる限度を超えてCO_2が排出され、大気中のCO_2濃度が徐々に増大しているのはまぎれもない事実である。けれども、生態系の中で一番増えているのは実は窒素である。

本来、大気の七八％は窒素（Ｎ）だが、それを固定する細菌（マメ科につく根粒バクテリアなど）は、自然界にはほんのちょっとしか存在していない。そのバクテリアによって窒素は生態系の中に入ってくることになるのだが、生態系の循環の中で、最終的にはそれをまた元に戻してしまうバクテリアもいて、つまり脱窒されて、また元のガスのＮに戻されていく。そういう循環のバランスになっている。

ところで、窒素は重要な栄養物で、植物は窒素を含むアンモニアやアンモニウムを必要とするので窒素が増えれば収量が増える。幸か不幸か人間は大気中の窒素を固定して工業的に窒素肥料を大量に作れるようになってしまった。その方法を開発した二人のノーベル賞受賞学者の名前をとって、「ハーバー・ボッシュ法」と呼ばれるものである（この方法で硝酸もたくさん作れるので、戦時には火薬を作った）。

自然生態系では作ることが不可能な量の窒素肥料が人工的に作られたことによって、この一〇〇年で生態系の中に流通している窒素の量は二倍になった。窒素の増加量はCO_2の増加量の比ではない。

窒素だけではなくて、先に述べたように硫黄も増えた。石油や石炭やその他のいろいろなゴミが燃やされることで、硫黄を多く含む排気ガスの排出量も増えたからだ。硫黄も、本来はタンパク質の形を保つS-S結合（ジスルフィド結合）に大事な物質だけれども、生態系の中で循環している硫黄の量は、人為的にどんどん増加したのである。

本来の生態系の中で循環される物質であってもむやみに増加すれば、CO_2だけでなく、窒素や硫黄であっても、問題を引き起こす原因になる。CO_2の量が増えているという問題は、生態系全体から見れば問題の一部でしかない。

CO_2は確かに増えている。しかし、その増え方は窒素などに比べればたいしたことはないとも言える。もともと空気中のCO_2の濃度は約〇・〇三%弱だったのが、現在では〇・〇四%に増えたが、窒素の二倍に比べれば少ないとも言える。

生態系の中に存在する量がどんどん増加していくと、CO_2だけでなく窒素も硫黄も大きな問題になる可能性はある。窒素が増えていることに起因すると考えられる大きな問題は今のところまだ見出されてはいないけれども、そのうち「窒素問題」が生じるのかもしれない。CO_2にしても、ちょっと前まではあまり問題視されてはいなかった。四〇年以上前からハワイでの観測でCO_2の量がどんどん増えていることが少し話題になっていたけれども、現在のような環境上の大問題として扱われるようになったのは最近になってからである。

科学的言説を盾にしたペテン

二〇世紀の半ばまで、科学あるいは科学技術は人々の憧れや賞賛の的であった。真っ暗だった夜に電灯がつくようになり、電話が通じ、自動車や電車が走り、ラジオが聞けるようになり、テレビが普及し、感染症の治療薬が発見され、人々はどんな病気でも科学技術が治してくれると信じ始めた。さまざまな家電製品が出回り、科学技術なしには一日として暮らせなくなった。それと同時に、科学技術は経済成長の原動力になり、先進国の政府は科学技術の発展を後押しするべく、税金をつぎ込んで国立の研究所を設立し、科学技術者の養成のための教育にも力を入れるようになった。ここに、科学と為政者と国民の間の蜜月時代が到来したのである。

しかし、すべての蜜月時代がそうであるように、幸福な時代は長く続かない。一度科学的正当性という錦の御旗が確立すると、権力はこれを盾にとって反対勢力を抑えることができるからである。もちろん、いくつかの政策は科学的事実に基づいて行われることも多いし、人々の福祉に役立つことも多いが、一度始めてしまった政策が、新たに判明した科学的事実に整合的でないことが分かったとしても、この政策はなかなか廃絶されないのだ。

ある政策を遂行するために複雑なシステムが構築されると、このシステムにディペンドして生計を立てる企業や役所や人が出てくる。このシステムが崩壊すると困る人が多ければ多いほど、科学的事実に反することが分かっても、システムはなかなか潰れないのである。

科学は日進月歩であり、昨日は正しいと思っていた言説が、次の日には間違っていたとしてひっくり返ることはよくあることだ。あるいは、二つの背反する言説のどちらが正しいのかよく分からないこともしばしばある。科学的言説の正しさは観察や実験によってとりあえず保証されるだけで、新たな観察や実験によって、反証されることは常態だからだ。しかし、政治的な決定は多数決によって決まる。科学的事実は多数決によっては決まらないから、ここには必然的に齟齬《そご》が生じることになる。

一九九九年に所沢《ところざわ》のホウレンソウに高濃度のダイオキシンが入っていて健康障害が出ると言って大騒ぎになり、すったもんだの挙句《あげく》、いわゆる、ダイオキシン法という天下の悪法が作られて、ゴミは高級焼却炉で燃やすことが義務付けられ、焚き火や家庭用の焼却炉まで禁止になってしまった。すぐに、どんなやり方でゴミを燃やしても、健康被害が出るほどのダイオキシンが出ることは全くありえないことが科学的に証明されたが、ダイオキシン法は廃止されることはなかった。

これで儲けたのは高級焼却炉を作っているメーカーとその関連の企業である。損をしたのは高級焼却炉の購入と管理に膨大な税金を使われている一般国民。いまや、国民はダイオキシンのことなど忘れ、誰もダイオキシンに言及しなくなったけれども、税金収奪システムだけは残り、それで生活している人も少なくない。

一時話題になった環境ホルモンは、動物の生殖機能に影響を与え、オスがメス化するなどといった噂がまことしやかに流れ、環境省は環境ホルモンに該当すると思《おぼ》しき六七の物質をリストアップしたけれど、結局はガセネタだと分かり、環境省はリストを取り下げた。環境ホルモン騒ぎで得をしたのは環境ホルモンで騒いで、研究費をもらった学者だけで、さいわいなことに、これをネタにした税金収奪システムが立ち上がらなかったので、これで終わったのだ。もしシステムが立ち上がっていたら、まだ国民を騙し続けていただろう。

科学的言説を盾にした最も大きなペテンは何と言っても人為的地球温暖化説と、それに加え、日本では原子力発電の推進であろう。今でも覚えている人は少ないかもしれないが、実は、一九六〇年代後半から一九八〇年代の初め頃まで、気象学者たちは地球寒冷化を警告していた。一九四〇年から一九七〇年の三〇年間で地球の平均気温は摂氏〇・二℃ほど下がったので、このまま気温が下がり続ければミニ氷河期が来ると考えても不思議ではない。しかし、寒冷化を人類がコントロールするわけにはいかないので、寒冷化を防ぐ手立てはなく、寒冷化予防が利権になることはなかった。

一九八〇年代の後半になり、地球の平均気温が上がり始めると、CO_2の人為的排出が地球温暖化の主たる原因だと言い出す科学者が現れ始めた。一九八八年にアメリカ上院の公聴会でＮＡＳＡの科学者、ハンセンが「最近の異常気象、とりわけ暑い気象が地球温暖化と関係していることは九九％の確率で正しい」と証言したのを機に人為的地球温暖化説は全世界に一気に広まり、これを金儲けのチャンスと捉えた人々は、CO_2の削減を錦の御旗に掲げて、膨大な金を動かそうと目論んだのである。

炭素の排出権取引という制度が作られ、政府はCO_2の排出に炭素税を課し、CO_2削減の旗の下に、エコカーや自然エネルギーの開発や利用に、莫大な税金が使われ始めた。確かに、ここ一〇〇年で地球の平均気温は約摂氏〇・七℃上昇したが、二一世紀に入り平均気温は全く上昇していないのだ。CO_2の排出量は二一世紀になっても増え続けているのだから、CO_2が温暖化の主たる原因だという説がおかしいのは素人でも分かる。

人為的地球温暖化が間違っていることが分かると困る政府や利権まみれの科学者は、この事実に頬かむりしているけれどね。半世紀前まで、人々は科学者とは少なくともウソはつかず、その時点で自らが正しいと考える言説を述べると信じていた。ところが、いまやかなり多くの人々が科学者の言説を信用しなくなり、一部の科学者は意図的にウソをついているのではないかと思い始めている。

第一章　環境問題の嘘

環境問題は「金のなる木」

環境問題というのは、人間が生きるためにするすべての行動（ヒューマン・アクティヴィティ）によって生じた、もろもろの不都合である。そのせいで、人間がこの地球上に住みづらくなったり、自然環境が破壊されたりする。新型コロナウイルス（COVID-19）のパンデミックも環境問題だし、エネルギー問題も、食料問題も環境問題。人間の活動によって起こされた不具合は何でも環境問題ということだ。

エネルギー問題と食料問題が環境問題であるというのは、要するに地球上の人口が増えすぎて、その二つが足りなくなってきたということだ。

例えば、生物多様性を守る話にしても、人間が増えすぎて、土地を人間のために利用してきた結果、本来その土地に棲息していた野生の動植物が減った。つまり、これも人間の活動によって、生物の多様性が失われたということである。これも環境問題である。

私がいつも言うように、交通網がものすごく発達して、ウイルスが、瞬時に右から左へ、世界中のあちこちに飛行機に乗って飛び移っていく、という状態になった。その結果生じたパンデミックも環境問題で、本来、人間が野生生物として生きていた時にはパンデミックなど生じようがなかったのだ。

人間の活動とは無関係に生じる不都合な出来事は天災であって環境問題ではない。地震や火山の爆発は人為が原因ではないので環境問題とは言わない。人為的なものであれば、人為によって解決可能だ。少なくとも解決できると思い込むことができる。すなわち、コントロールできると思い込める。その結果、コントロールすることにお金とエネルギーをつぎ込むことになる。

お金とエネルギーをつぎ込むということは、場合によってはそれで儲かる人が出てくることになる。では、誰がどういうふうに儲かるかということになると、話は途端にややこしくなる。

生物多様性を守ったところで、実は、ほとんど誰も儲からない。生物多様性を守るためには、開発しないほうがいいだけの話だから。例えば、山を削らない、森は伐採しない、道路も作らない。そういうのは全然儲からない。里山を守るにはエネルギーとお金が必要だが、やはり儲からない。だから、これも環境問題であるにもかかわらず、あまりメジャーな運動になりにくい。生物多様性が大事だ、大事だと言っているのは、ごく一部の人たちだけだ。

例えば、「クジラを食べるな」というのは生物多様性の保全のための標語だが、かつて欧米では捕鯨を行っていた。クジラの肉を食べるのが目的ではなくて、クジラの油をとって、ランプの灯火用に使っていた。クジラを、油のために獲っていたのだ。油田が発見されて、石油でランプをともすほうが安いから、途中からクジラの油は必要ではなくなった。クジラを食べない人たちは、クジラを獲ることのメリットがなくなって、今度はクジラを守ると言い出した。鯨肉食の文化があったために、日本がワリを食うはめになった。

しかし、近年日本でもクジラの肉を食べる人は少なくなって捕鯨は儲かるものでなくなったし、もとより反捕鯨は儲からない。それで、クジラ問題というのは、ひじょうにマイナーな問題になった。一部の執拗な運動家たちが、日本の捕鯨を目の敵にして攻め立てているけれどね。

その反対に、主要な食べ物とエネルギーは、ひじょうにメジャーな問題になった。

エネルギー問題で言えば、例えば、二酸化炭素（CO_2）は多少出しても出さなくても、人間の活動や食料問題に重大な影響を与えるというエビデンスはないけれど、ひとたびCO_2を悪玉にしてしまえば、CO_2をコントロールするにはどうしたらいいか、という偽問題が発生する。

例えば、二酸化炭素を一番出すのは火力発電だから、火力発電をやめて、二酸化炭素を出さない発電所を作る。原子力発電にすれば、CO_2は確かに火力発電に比べて少ししか出ない。昔からある水力発電もCO_2はほとんど出さない。

「CO_2を減らす」のがプラスの価値だという話が一人歩きして、エコカーはCO_2をあまり出さない、自然エネルギーもCO_2をあまり出さない、ということで、最も大きな環境問題はCO_2排出制限をどうするかということになってしまった。

それで、エコカーを作る自動車会社、風力発電機のメーカー、太陽光発電パネルのメーカー、そのパネルを設置するための土地を斡旋する不動産会社などが群がって、ものすごく儲かるようなシステムになってしまった。CO_2を出す、出さないなんてもうどうでもよくなってしまったようだ。

実際、そういうことになったとしても、CO_2の増加は止まらなくて、増え続けている。それは、自然エネルギーにしても、エコカーにしても、CO_2を削減するということに対しては、それほどコントロールが効かなかったということである。にもかかわらず、CO_2を削減するというコンセプトのもとに始めたいろいろな商売は、今でも、ひじょうに儲かっている。

若い環境活動家の登場

雑誌『現代思想』（二〇二〇年三月号）が気候変動の特集を組んだ。科学者の寄稿はほとんどなく、多くは文系の学者の論考だったけれど、この特集では経済学者や社会学者は、ほとんどすべて、CO_2を出さないことにプラスの価値がある、ということに賛成していた。編集者の頭の程度が知れる特集だった。「CO_2温暖化説はインチキだ」と言っているのは、十中八九、科学者である。もちろん、CO_2温暖化説に賛成している科学者も大勢いるが、CO_2が地球温暖化の主たる原因ではない、と言っているのは科学者に多く文系の学者には少ない。学者の中には、本当は、CO_2が温暖化に影響を与えているかどうかは、科学的に立証されてはいないけれども、いまは、CO_2を出さないということに加担したほうが儲かるから、CO_2を出さないという方向でやったほうがいいのではないか、と言う人が結構いる。だから、科学的な合理性とか、科学的な真実性より、ウソでもなんでもいいから、そっちをやったほうが儲かるというのが、今の環境問題である。

渡辺正《わたなべただし》先生は『「地球温暖化」神話――終わりの始まり』（丸善出版）、『「地球温暖化」狂騒曲――社会を壊す空騒ぎ』（丸善出版）、伊藤公紀《いとうきみのり》先生との共著『地球温暖化論のウソとワナ——史上最悪の科学スキャンダル』（ベストセラーズ）などで、科学的な事実を全部調べて、どう考えても、「C O $_2$ が温暖化の元凶だ」という説は嘘だということを、口を酸っぱくして言ってきた。しかしながら、C O $_2$ で儲けだした人は、そんな話を聞く耳を持たない。それで、マスコミあげて、C O $_2$ を悪者にしたほうが、要するに経済がまわって儲かるということにしてしまった。

人間が活動することによってC O $_2$ を出し、その結果温暖化が起きているという主張を、「人為的地球温暖化」というスローガンにして、C O $_2$ 削減運動を進める人は、ひじょうにたくさんいる。

ただ、人為的地球温暖化論は、「どうも違うんじゃないか」という意見も欧米では割に普通になってきた。人為的温暖化論者は、風向きが不利になってきたので、対抗策を講じる必要が出てきた。

スウェーデンのグレタ・トゥーンベリ（二〇〇三年生まれ）という少女が、二〇一九年の国連気候行動サミットで演説をし、世界中にその名前と顔が知られることになり、一躍、環境活動家のリーダーの役割を担うことになった。

グレタさんの活動について、二〇二〇年四月三〇日、ユニセフ（国連児童基金）が声明を発表し、同日「ＡＦＰ」通信が発信したニュースがある。

《スウェーデンの環境活動家グレタ・トゥーンベリさん（一七）が、新型コロナウイルスのパンデミック（世界的な大流行）で影響を受けている子どもたちを支援するため、デンマークの団体から授与された一〇〇万ドル（約一〇七〇〇万円）を国連児童基金（ユニセフ）に寄付した》

グレタさんが寄付したお金は、デンマークのＮＧＯ「ヒューマン・アクト」からもらったものだ、と記事には書いてある。このＮＧＯは、グレタさんの寄付金に一〇〇万ドルを上乗せして、計二〇〇万ドルをユニセフに寄付した。ユニセフは、コロナウイルス対策の封鎖措置や学校閉鎖によって、とくに、「食料不足、医療体制の逼迫《ひっぱく》、暴力、教育の機会損失」の分野で、子どもたちの支援に苦慮してきたため、グレタさんたちの寄付金が支援の後押しになるという。彼女の寄付が呼び水になって、さらに、世界各地から、さまざまな資金援助が行われることを期待したものであろう。

グレタさんはそれ以外にもさまざまな活動を行っているが、バックにいて資金を出しているのは、この記事にある、ＮＧＯ「ヒューマン・アクト」だけではないだろうとは容易に推測できる。彼女は、幾多のＮＰＯ、ＮＧＯが活動を続けていくための、よく言えば「シンボル」であって、実態はその「広告塔」として利用されているにすぎないのではないか。

　グレタさん自身が、気候変動の未来を本当に心配し、パンデミックの深刻な影響から子どもたちを少しでも救いたい、と思って、発言し、行動し、参加を呼びかけているのは、嘘偽りのない善意から発していることは確かだとしても、彼女のような若い環境活動家が出てくるバックには、必ず利権団体がついている。利権団体のバックには、さらに自然エネルギーで儲ける人たちがついている。自然エネルギーで儲けている人たちは、もちろんおもてに出るのを嫌がる。本当にCO_2が悪いと信じている人たちはたくさんいるわけで、そういう人を前面に立てて、CO_2を悪者にする。原子炉を動かしている発電会社が、CO_2を出さないほうがいいと言えば、自分が儲けるためにやっているんだろうと思われるから、ＮＰＯとか、市民団体とか、そういうところに発言させる。

　例えば、日本だったら、環境省は何のためにあるかと言えば、たてまえは環境を守るためだけれど、今では環境省自体の存続が目的になっている。環境省という利権がなくなると困るので、環境省はそのための活動をすることになる。

若くして世界的に有名になるには、例えば歌が上手《じょうず》でスターになるとか、イケメンや美人の俳優、モデル、アスリートなどだろう。普通の、なんの才能もない人はすぐに有名になることはありえない。それはもう一生懸命勉強して一流大学を出て、さらに一生懸命研究をして、長い年月をかけ、やっと成功しても有名になるには、運も必要なのだ。グレタさんはそういうプロセスを一切スルーして超有名になったので、若い人の中には真似をしたい人が出てくる。グレタさんの本は日本の書店でも並んでいるし、こうした活躍を見ている若い人が、「日本でも彼女に続け」と叫びたくなったとしても不思議ではない。しかし、熱狂は科学的事実とは無縁なのである。

SDGsの胡散くささ

「持続可能な開発目標（サステイナブル・ディベロップメント・ゴールズ：Sustainable Development Goals)」というのが最近流行《はや》っている。昔は「サステイナブル・ディベロップメント」だけだったけれど、経済発展を止めないで世界のシステムを安定化させようという目論見なのだろう。

確かに、人口をこれ以上増やさずに、安定的なシステムで経済を回せば、ディベロップメントになるかどうかはともかく、サステイナブルになることは確かだ。その場合は自然エネルギーを使ってやっていくんだろうけれど。

でも、有限なエネルギーを使っている限り、サステイナブル・ディベロップメント・ゴールズは、絵に描いた餅だ。ウランもなくなるし、石油も石炭も天然ガスも、なくなるだろうし、その時に「サステイナブル・ディベロップメント・ゴールズ」を実現するためには、自然エネルギーを徐々に増やすシステムを作る必要があるが、そんなことは可能なのか。そもそもＳＤＧｓ《エス・ディー・ジーズ》というのは矛盾したコトバで、ディベロップメントが続く限りゴールは来ないし、ゴールが来たらディベロップメントは終了する。

今、世界の人口は七八億人近くになっているが、エネルギーが増えない限り、人々が幸福になるためには、人口を減らす必要がある。ところが、今の資本主義のシステムでは、人口を減らすと、グローバル・キャピタリズムが瓦解してしまうので、人口は減らせない。人口が減らせないし、エネルギーも減らせない。そういうシステムを続けて、サステイナブルはありえない。人口抑制が核心問題だということは、五〇年前ぐらいに盛んに論じられたものだけれど今は誰も言わなくなってしまった。

少子化を進めるほうがサステイナブル

今はみんな少子化のことばかり言っているけれど、本当に少子化が問題なのだろうか。世界には人間が七八億人もいる。一〇分の一に減ったところで人間は絶滅しない。もし一〇分の一に減れば、一人当たりのエネルギーや一人当たりの食べ物が一〇倍になるということだ。そうなったら、世界の人すべてが幸せになれる。そういうシステムを考えたほうがいいと思うけれど、どうもそうとは考えられていない。

人口が激減すると、資本主義がつぶれてしまうからだ。資本主義というのは、人口も、エネルギー消費も、右肩上がりを前提として成り立っているシステムだ。自然のキャパシティの範囲で、エネルギーの右肩上がりが期待できるタイムスパンであればなんとかなる。例えば一〇年、二〇年、三〇年先ぐらいまでであれば、可能かもしれないけれども、二〇〇年、三〇〇年のタイムスパンで考えたら、人口もエネルギーも増え続けることはありえないわけで、いずれにしても、いつかクラッシュを起こす。グローバル・キャピタリズムというのは、クラッシュを避けられないシステムなのである。

人口とエネルギーに話を戻すと、日本の人口が六〇〇〇万人ぐらいだったら、あまり無茶苦茶なことをやらなくてもエネルギーは足りる。後でも触れるけれど、自然エネルギーの有力な候補にしても、地熱や潮流などがある。むしろ人口の問題のほうが環境問題としてはより大きい。

今年（二〇二〇年）、新型コロナウイルスがもっと流行って、高齢者がたくさん死んでしまえば人口問題の解決に一歩近づくかもしれない。もっとも、COVID-19が流行らなくても、あと三〇年もすればだいたい、今の団塊の世代はほとんどいなくなるから、人口が割にフラットになって、高齢化問題が社会の重荷になることも徐々になくなると思う。

老人が幸せに長生きできるシステムを作るのはもちろん大事だけれど、あまりにもハードな仕組みをきちっと作ってしまうと、かえって重荷になる。だいぶ前に、秋田の医師会に頼まれて講演に行ったことがあるけれど、秋田県は、今でもそうかもしれないが、人口に占める高齢化率が日本一だという。県が一生懸命考えて、老人をうまく収容できる、きちんと面倒が見られるような施設を、かなり金をかけて作るというようなことも言っていたので、私はその時に、老人用の最適な施設を作っても、いずれ最終的に使い物にならなくなるのだから、老人がみんないなくなった時に転用できるようにうまく作るほうがいいですよって勧めたことがある。

五〇年後を見据えたシステム作り

日本という国は、今必要なものは何か、まず短絡的に考えて、とりあえず今こうしたい、という時には、いいものを作るのが得意だ。それが終わったらどうなるかというところまでは考えていない。しばらくするとその騒ぎは収まってその時のシステムは重荷になるが、システム自体は潰れないことが多い。

高齢化問題もそういうところがある。今は、老人から高い金を取って面倒を見て、それで儲かるところは儲かっているけれど、そんなのはあと二〇年もしたら潰れる。そこは考えていない。

環境問題は典型だけれども、長いスパンで考えないとどうしようもないもので、五〇年先にどうなるのかということを見据えて、それでいろいろなシステムを構築していかないと、いざ五〇年後になってみんなが困ってしまう。「こうなることは、すでに五〇年前に分かっていただろう」とみなさん言っているが、五〇年前には誰もプランを立てない。

最悪な例は年金問題だ。年金問題などは、三〇年も四〇年も前からパンクするのは分かっていたにもかかわらず、政治家は三〇年後に自分は引退するからと、なんにもやらないで、とりあえずその時にいいことだけを言っていた。年金は絶対にみんなにあげますとか、年金は絶対ありますから安心してくださいと言っていた。嘘ばっかりついていたわけだ。今の政治はみんなそうだけれど。

将来どんな世界を作るかというのは、エネルギーがどれだけ供給できるか、食べ物がどれだけ供給できるか、人口がどれくらいになっているか、それらが全部関係してくる。それらの関係性をうまく考えるというのが環境問題の根本《こんぽん》になければいけない。

少し前、養老孟司《ようろうたけし》さんに会った時に、「参議院というのは、現在の問題を討論することはやめて、五〇年後のことだけ考えるような場にしたほうがいい」と言っていた。彼はそれを昔から主張しているのだけれど、その通りで、本当にグローバルに考えることをせずに、どこもかしこも今日明日、あるいは一年後ぐらいのことしか考えていない。

原発は完全にそうだ。廃炉をどうするか、という大問題があるのに、あまり真面目《まじめ》に考えているとは思えない。目先の利権ばっかり追っかけてきた。目先の利権を追うということは、環境問題の本質から隔絶している。ただ単に、短期的な利益の追求のために、正義を装う雰囲気を作って、それで政策を決めてきたところがある。「将来の地球のために」とか、「みんなで長生きするために将来の地球はどうなるか」とか、そんな安易な標語みたいなものを唱えるばかりで、そのために具体的にどうするかを考えなかった。科学的なエビデンスに基づかないで、CO_2は悪者だからCO_2を減らしましょう、ということだけしか言わなかった。

実際にCO_2は全く減っていないけれども、減っても減らなくても気温の変動とはほとんど無関係なのだ。先にも言及した渡辺正先生が計算したら、日本が京都議定書の約束通り一九九〇年から二〇一二年までCO_2の排出量を六%減らしたとして、地球の温度は、〇・〇〇〇三℃しか下げられないということが分かったという。そんなもの、やっても無駄だろう。それに毎年三兆円くらい金をつぎ込んでいるわけだから、アホみたいなものだ。その金を別のものにつぎ込めば、はるかに素晴らしいことができる。三兆円という金をつぎ込んでいるということは、それが回り回って、誰かのふところに入っているということだから、儲かっている人がいる。儲かっている人にしたら、それをやめてもらったら困るという話になるね。

こういう話を、政治家にする機会もないわけではない。まともな、能力のある人は、理解はする。「分かりました」と言うけれども、それを国政の場で発言するかというとしない。「お前は現実的でない」とか言われるという。「現実的である」ということは、「二年後に儲かるかどうか」という話だから。一〇年先とか二〇年先のことは考えていない。

もう一つは、ものすごい先のことで、二一〇〇年には人口が五〇〇〇万人になるとか六〇〇〇万人になるとか、日本は少子化になって大変だから子どもを増やしていきましょうなどという、しょうもない話をしている。一〇〇年後の話なんて誰の利権にも関係ないから、何を言ってもいいみたいなことで、そういう話はしている。一〇年先、一五年先の話だと利権に関係するので、生々しいからできない。五〇年後、一〇〇年後の話は誰も利権に関係ないから、「困りますねえ、なんとかしなきゃあ」という話はしているけれど、実際はなんにもしていない。

放射能から身を守る

東日本大震災（三・一一）から約九年も経っているのに、いまだに、その時飛散した放射性物質を気にする人がいる。もちろん、全く気にならないという人もいて、分極化している。

ただ、スーパーマーケットへ行って野菜や果物を見ると、産地によって値段に差があるから、売るほうが気をつかっているということはあるらしい。

例えば、同じように見える桃でも、それが福島産だと、明らかに安い。産地を調べて、福島産は買わないという客が多いからだろう。レンコンにしても、山口県産、佐賀県産では小さくてひねたようなものでも値段が高くて、茨城産のものは安い。

福島第一原発の事故で放出された主な放射性物質はヨウ素一三一、セシウム一三四と一三七、ストロンチウム九〇だ。ヨウ素一三一の物理的半減期は八日、セシウム一三四は二年、セシウム一三七は三〇年、ストロンチウム九〇は二九年である。ヨウ素一三一は半減期が短いので、現在被曝することはない。ストロンチウム九〇は揮発性が低いので大気中にはまず出てこない。問題はセシウム一三四と一三七である。

私は、三・一一で飛んだ放射性物質の分布を示す地図をもっている。これはネットで調べれば誰でも入手できる。

それを見ると、福島、茨城の他に、群馬県、栃木県の北のほうに放射性物質が飛んだことが分かる。埼玉県の平野部はほとんど汚染されていないが、秩父地域が唯一放射能の影響を受けた。

福島第一原発から出たセシウム一三四と一三七は、風に乗って、越後山脈の南のへりから関東山地の東のへりに沿って流れたことが、その地図から分かる。赤城山・榛名山《はるなさん》あたりから、浅間山をかすめて東のへりを下ってきて、奥多摩あたりまで達している。それで秩父が汚染された。

セシウム一三四と一三七が大気中を流れている時に雨が降ったところでは、土壌に浸み込んでしまった。東京都で土壌中のセシウム一三四と一三七がもっとも多いのは雲取山《くもとりやま》だ。雨によって雲取山の東に落ちた。そのため、山を越えた山梨県では土壌汚染がほとんどなかった。長野県も浅間山から向こうは大丈夫だったし、新潟県も谷川岳の向こうは大丈夫だった。

福島県は、会津・中通り・浜通りと三地方に分かれるが、会津は比較的汚染が少なかったけれど、原発があった浜通りばかりでなく、中通りも結構汚染された。茨城県は水戸の南の霞ケ浦の北あたりに放射性セシウムが多い。千葉県は北西部の柏市・松戸市が汚染されたが、房総は大丈夫だった。

土壌中のセシウムから出る放射線を毎日浴びても、住んでいる土地の土壌の放射線量が一平方メートル当たり二〇キロベクレル以下であればほとんど影響はない。それははっきりしている。何回もCT検査をするほうがよほど危ない。

ただ、野菜や果物に入った放射性セシウムを取り込むと、自分の身体の一部になってしまうというのが少し面倒なのだ。セシウムはカリウムに類似していて、体内に入るとセシウム一三四は約八〇日、セシウム一三七は約九〇日たたないと半分にならない。ストロンチウム九〇も同じく海産物などを経由して体内に蓄積する。ストロンチウム九〇はカルシウムと同族の元素で、振る舞いがカルシウムと似ていて、体の中に入るとカルシウムと一緒に骨に入る。ストロンチウム九〇の体内での半減期は一八年である。放射性セシウムやストロンチウム九〇から放射線が出続けるということで、内部被曝がひどいことになる。この内部被曝は怖い。放射性物質が入った食物は極力食べないほうがいい。それに対し、環境からの被曝は土壌一平方メートル当たり五〇〇キロベクレルを超えなければ、旅行に行くくらいは問題ない。

　放射性物質については、危険なのはどういう場合かを知っていれば、それから身を守るのはそう難しいことではない。

　同じことは、コロナウイルスについても言える。ウイルスの大きさは二〇ナノメートルほどで、ウイルスを一個や二個吸い込んだとしても絶対発病しない。最小発菌数というのがあって、何個摂取すれば発症するかという指標であるが、一番少ないのがノロウイルスで、一〇〇個のウイルスで発症するという報告もある。一〇〇個というのはウイルスの大きさからみるとほとんどゴミみたいなものだが、それで、ノロウイルスに家族の誰かが感染すると、まず、十中八九他の家族がやられる。

新型コロナウイルスは、誰かが感染してもその家族がみな感染しているということでもないようだから、ノロウイルスほど感染力は強くない。最小発症ウイルス数は分かってないが、発症するにはノロウイルスとは比べられないくらいの個数が必要かもしれない。

感染症というのはどれでもそうであるが、ウイルスが体内に入るとまず自然免疫でやっつけられる。それに負けないでホスト（宿主）の細胞で生き延びて増殖したウイルスが、ある閾《いき》値《ち》を超えると、身体はそれに対して抗体を作って対抗する。抗体産生のスピードとウイルスの増殖のスピードの競争で、ウイルスが勝つと重症化し、場合によっては死ぬこともあるということだ。

むやみに心配することもないけれど、手洗いを頻繁にすることや、マスクをするなど、摂取・吸収するウイルスを少しでも少なくすることが重要なのだ。

日本では、二〇二〇年一月頃から、みんな新型コロナウイルスを心配して、一生懸命手洗いや、うがいに励んだ。

二〇一九年の一年間にインフルエンザで死亡した人は三〇〇〇人を数えた。それが今シーズンは一〇〇〇人にとどまったと言われている。こまめに手を洗う人が増えたことで、インフルエンザで死んだかもしれない二〇〇〇人ぐらいの人が助かった結果になった。コロナウイルスがもたらした良いことの一つに数えられるだろう。

第二章　地球温暖化の嘘

なんでも温暖化のせいにするな

今年（二〇二〇年）一月に、アフリカのソマリアでサバクトビバッタが大発生した。「サバクトビバッタの大群が異常なほど大規模で、膨大な量の穀物や飼料を食べ尽くしている」、そのため、「人々とその家畜の食料源が危険にさらされている」と報じられ、ソマリア政府は二月二日に「国家非常事態宣言」を発表した。

こういう異常事態が発生すると、すわ、温暖化の影響か、とばかりに短絡反応をする一群の人々がいる。なんでも温暖化が原因だ、と思い込む困った人たちだ。

サバクトビバッタ、トノサマバッタなど一〇種近くのバッタは、幼生密度が高いと、体が黒くスレンダーになり、翅《はね》が長く、後脚が短くなり、飛ぶのに適した「群生相」と呼ばれる体形になる。いわゆる飛蝗《ひこう》である。幼生密度が低い時は「孤独相」と呼ばれる体形に成長するが、この二タイプは体形ばかりでなく、行動や食性も異なる。遺伝子に違いはないので、環境要因によって体形が変わる、表現型可塑性の一種である。

ソマリア近辺では大雨が続き、飛蝗の発生しやすい条件が作られたようだ。草丈が短い草地に好んで産卵するため、大雨が降って普段は半砂漠のようなところが、草地化したり、干ばつが続いて川が干上がり、川底が草地化したり、大火の後、焼け野原が草地化したりすると、局地的に好ましい産卵場所が出現する。成虫が蝟集してきて交尾産卵し、幼生密度が高くなり、飛蝗が発生するわけだ。

飛蝗は、飛行衝動が強く集団で移動するため、同じ方向に一日一〇〇～二〇〇キロメートルの速度で移動し、行く先々で、植物であればなんでも食べつくし、世代を繰り返していく。その結果、飛蝗の通り道にあたるところでは作物が食べつくされて、飢饉が発生する。

飛蝗と、それがもたらす災害（蝗害《こうがい》）という現象は、毎年起きることではないにしても、歴史上、いろいろな地域で起きている。今世紀になって蝗害がひどくなったという話はきかないので、これは人為的温暖化のせいではない。

歴史的に飛蝗が大発生した記録が多いのは中国で、大雨や、干ばつの後では多かれ少なかれ飛蝗が発生したようだ。飛蝗の出現は皇帝の不徳の致すところとの風評が信じられていたようで、時の皇帝はことのほか、飛蝗の発生を警戒したという。日本は飛蝗の発生には適していないようで、大規模な蝗害はあまり聞かない。最近では一九八六年に馬毛島《まげしま》（種子島の西方の無人島）で発生した記録がある。これは一九八五年の山火事のせいだという。

近年の最も大きな大発生は一九世紀後半、北アメリカでロッキートビバッタにより起こされたもので、一八七五年の大発生は特に酷く、発生数は一二兆五〇〇〇億匹と言われている。これはギネスの世界記録に登録されている。地上一・六キロメートルの厚さの大群が五日間途切れることなく通過したとの証言もある。不思議な事に、ロッキートビバッタは僅か三〇年に満たない一九〇二年には完全に絶滅してしまった。絶滅原因はよく分かっていないとのことだ。あまりにも増え過ぎた反動で絶滅したのかもしれない。人類も気を付けたほうがよさそうだ。

　最近は、アフリカ以外では飛蝗の大発生の話を聞かないのは、農薬漬けになった土地では、バッタの個体数が低く抑えられているためだろう。馬毛島で大発生したのは、この島は無人島で農薬は使っていなかったからだ。

　アフリカの東部で作物が食い荒らされて、飢饉になるという現地の人の恐怖は分かるが、サバクトビバッタは食べられるので、一網打尽にする方法を考えて、つくだ煮や塩漬けにして保存しておけば、暫くは飢えを防げるだろう。

そもそも本当に温暖化しているのか

地球温暖化の例として、氷河が崩れ、シロクマ（ホッキョクグマ）が流氷の上に取り残されたりする映像が流れることがあるけれど、氷河は温暖化したから崩れるのではなくて、後ろからどんどん押し寄せるから、その圧力で崩れているだけだ。

ホッキョクグマの研究をしているカナダの進化生物学者のスーザン・クロックフォードによると、ホッキョクグマは、気候変動で絶滅していないどころか、四〇年前に比べて、相当増えているという。

南極の氷も増えたり減ったりしているし、北極の氷も同じだ。一九五九年に米国海軍の潜水艦「スケート」が氷の全くない北極点に浮かんでいる写真があるという（渡辺正『「地球温暖化」神話』一〇三ページ）。六〇年とか一〇〇年ぐらいの時間のスパンというのは、地球の歴史から見たらほとんど点みたいなもので、そんな短い時間に起こる気温の上下を、温暖化とか寒冷化とか呼んでもたいした意味はない。

二〇一八年と二〇二〇年の冬にフロリダ州南部を寒波が襲い、木に張り付いて生息している、イグアナという、でっかいトカゲが、寒さでバタバタ落ちている映像があった。少し前、イランの空港が大雪で閉鎖になったりもした。地球の気候がいろいろアンバランスになっているとは言えるかもしれないけれど、それが温暖化の影響か、氷河期の前触れか、よく分からない。

過去のデータを見れば、現代だけが温暖化しているわけではないことが分かる。例えば、「中世温暖期」といって、一〇世紀頃結構暖かかった時がある。暖かかったけれど、それは人為的温暖化とは無縁である。もちろん人間の活動はあったが、化石燃料を使ってもいなかったし、CO_2を人為的に増やすなどということはなかった。そういう時でも温暖化しているわけだ。

もう少し前の日本では、縄文時代の最中、七〇〇〇年ぐらい前から五〇〇〇年前ぐらいの間はヒプシサーマル期といって、現在より摂氏数度気温が高かった。「縄文海進」が起こり、東京湾のまわりの低地は全部海の底だった。その時代の温暖化は、なおさらCO_2とは関係ない。

近々で一番寒かった時は、一六〇〇年代の後半から一七〇〇年代のアタマぐらいである。それからずっと一八〇〇年代の半ばまで寒さが続いて、ヨーロッパで食べ物がなくなって困ったということがあって、それは太陽の黒点が無くなったことと関係する。一六四五年から一七一五年の間、マウンダー極小期といって黒点がほとんど無くなった。その時期が一四世紀半ばから一九世紀半ばまで続いた小氷期のピークだった。

太陽の黒点については、ガリレオ以来すでに約四〇〇年の観測の歴史があり、黒点の数は太陽活動の活発さを表す指標になっている。黒点の数は約一一年を周期として増減を繰り返してきた、ということも分かっている。

太陽の活動が活発でなくなると、どうも寒冷化する。

地球の温度変動は、太陽の活動のほうが、CO_2よりもはるかに重要な要因なのだけれども、太陽の活動は人間がコントロールできないから、これはどうしようもない。人間がコントロールできないことは環境問題とは言わない。

台風も同じことで、これも環境問題ではない。

CO_2が増えて温暖化したから、台風が増えるという俗説は事実に反する。気象庁のデータを全部調べてみたが、日本では台風の数は、傾向として徐々に減っているし、大きさも小さくなっているし、被害総額も昔のほうがうんと大きかった。

伊勢湾台風（一九五九年）なんて大変だった。死者・行方不明者の数は五〇〇〇人を超えて、明治以降の台風の災害史上最悪の惨事だった。

若い人は伊勢湾台風とか狩野川台風（一九五八年）とか知らないから、去年に比べたら、今年は台風がいっぱい来たと、ほんとに数年単位の現象だけを見て温暖化のせいだろうか、などと言っている。温暖化というのは、そんな一年や二年の話ではない。そういうことをちゃんと知っておく必要がある。

　朝日新聞やＮＨＫは、なんでこの期《ご》に及んで、温暖化を煽っているのだろうか。ＮＨＫは政府の言うことを聞かないと民営化されて甘い汁を吸えなくなるので、分からないでもないが、朝日新聞（他のマスコミも似たりよったりだが）はどんな利権があるのだろうか。政府が温暖化阻止と言って、政策を進めている以上、温暖化は嘘でしたとは言えない状況になっているのだろう。温暖化が嘘だということになると、炭素税は取れなくなるし、関連補助金は、出す必要がなくなるし、エコカー減税もいらなくなるし、原発もいらなくなるし、ということになり、困る人がいっぱいいるのだろう。原子炉をさらにまだ作ろうなどと発言している人もいるが、短期的に儲かれば、あとは野となれ原子力とでも思っているに違いない。

地球の気候変動は自然現象

約一万年前、氷河期が終わる直前に気温が激しく乱高下したことが分かっている。これも人為とは関係ない。長いスパンで見ると、地球の気温は高くなったり低くなったり、波を打っている状態である。

先述した中世温暖期も、バイキングがグリーンランドに渡って農場や牧場を拓くなど盛んに活動していたけれど、一二世紀に急激に寒冷化が進んで、集落が消滅してしまった。

地球の気候変動というのは、自然現象である。人間の活動で左右されるものではない。

唯一、人間の活動が気温に影響を与えているのが、大都会のヒートアイランド現象だ。東京とか名古屋とか大阪とか福岡とか、大都市圏だとヒートアイランド現象のせいで、平均気温が高くなっている。東京はこの一〇〇年で年平均気温が二・四℃上昇した。他の大都市も軒並み二℃に近い上昇率だ。夏も冬もクーラーとかヒーターとか使うわけだから温度が上がるのも当然だ。

ところが、三宅島の年平均気温は一九五〇年以来ほとんど変わっていない。観測史上最高気温は二〇一三年の三二・六℃。東京よりはるかに涼しい。三宅島とか八丈島とか、そういう島は温度がほぼコンスタントで高くなっていない。それを見ればグローバル・ウォーミングなどは起きてないということが分かる。

一九九〇年頃、地球や人間が二〇二〇年にどうなるかという未来予測がいくつか出されたことがある。その予測はことごとく全部外れた。もっと暑くなっているはずだった。暑くなるよと未来予測をした人は、検証も反省もしていない。今も、二〇七〇年とか二一〇〇年とかの気温が大変だと言っている人がいるけれど、それを言った人はその頃には死んでいるから、責任を取らなくていい。しかし、その予測に従って政策を進めてしまうと、それはそれで儲かる人が出てくるから、その政策は止められなくなってしまう。

CO_2温暖化説のインチキ

温暖化については、日本にいて、日本の新聞を読んだりテレビを見たりしているだけの人はあまり怪しいと思わないだろうが、英語で書かれた文献を読むと、CO_2温暖化説というのはかなり怪しいことが分かる。

朝日新聞やＮＨＫを見ていると、CO_2温暖化説が、ほとんど信念みたいになっているので、それだけを見たり読んだりしている人にとっては、「なんか、地球に大変なことが起きているんだ」という話ばかりになっている。

CO_2温暖化説の一番変なところは、過去のデータに基づいて論評するのではなくて、コンピュータ上のシミュレーションで未来のことを論じることである。

シミュレーションはパラメータをちょっと変えるだけで、さまざまな異なる予測が可能である。これはやったことがある人ならば誰でも知っていることだ。本当かどうか実証できない気候感度（CO_2濃度が倍になると地球の気温が何度上昇するかという推定値）というパラメータをでっち上げて、CO_2がこれだけ増えれば、地球の温度はこれだけ高くなると予測する。そのほか、CO_2以外の、温度に関係するいろいろな要因もあるのだけれど、そういうパラメータも適当に入れて計算して、気温変動に関する要因を全部調べて予測したので完璧です、という話を作る。気温上昇に資するパラメータを過大に評価して、気温が下がるほうのパラメータを過少に評価すれば、CO_2濃度の上昇が温暖化の最大の原因だという結論はまっすぐに出てくる。そういうことはいくらでもできる。

そうしてでっち上げた一九九〇年代の多くの未来予想がみな外れたということは、パラメータが間違っていたということではないか。

要するに、シミュレーションがデタラメだったということにすぎない。ところが、そのことはあまり言わないで、今頃になって、二〇五〇年の温度の上昇の厳しさなどと言う。今までの予測が外れた検証はなにもしないで未来のシミュレーションばっかりやっている。信じろというほうが無理だ。

二〇〇一年から〇二年に出た予測で、キリマンジャロの雪が二〇二〇年に全く消える、二〇二〇年までにキリマンジャロ山の氷河が完全に消失する、という話があった。それが完全に外れて、キリマンジャロの氷河はまだ消滅していない。だけれど、この予測について誰も悪かったとも言わない。CO_2の増大に基づく温暖化の予測はほとんど全部外れている。CO_2は温暖化の一つの要因かもしれないけれど、主要な原因ではないのだ、というしかない。

気候変動には別の原因がある。そのことについて過少に評価して、CO_2だけを過大に評価すれば、いつまでたっても、CO_2が増えれば気温が高くなる、というシミュレーションしか出てこなくなる。それでは、いつまでたっても予測は外れ続けるという悲惨な状況が続くばかりだ。

二〇一九年から二〇年の冬、日本は、雪が少なくて、スキー場は大変なことになった。雪が少ないのは温暖化のせいだと思っている人が多いようだけれど、人為的温暖化論者は

北半球の秋の雪の範囲

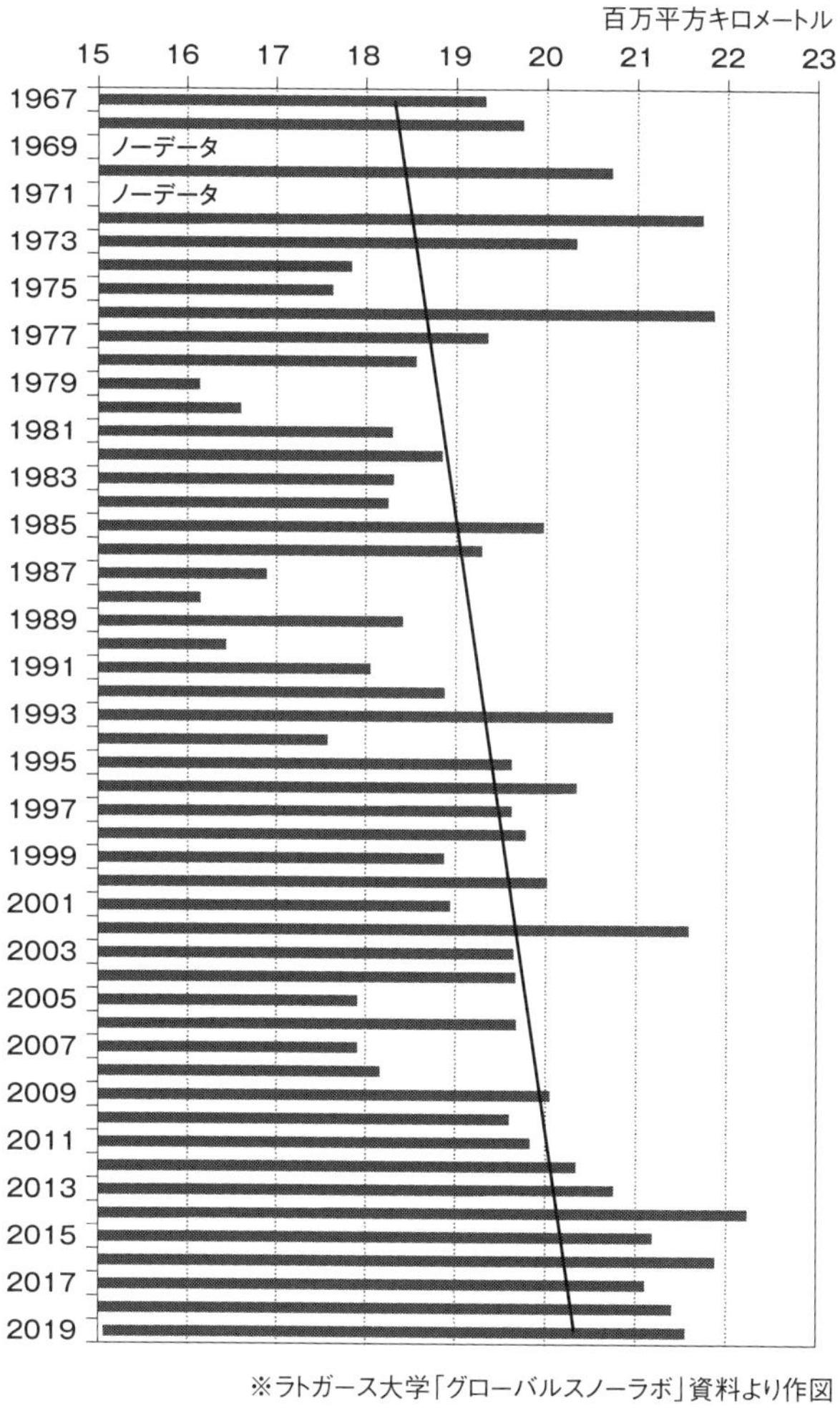

※ラトガース大学「グローバルスノーラボ」資料より作図

雪が多い年も温暖化のせいだと言っていた。今年の大雪は温暖化のせいだってね。

北半球全体の積雪面積について、アメリカのラトガース大学が公開しているデータがあって、そこに「北半球の秋の雪の範囲」というグラフがある。一九六七年から二〇一九年まで、秋の雪原面積は増大傾向にあった。冬はそれほど変化がない。年によって多い少ないはあるが、雪原面積が減っている事実は全くない。

日本は、たまたま二〇一九年から二〇二〇年のシーズンは雪が少なかっただけだ。イランでは二〇一九年一一月に大雪が降って学校が閉鎖され、普段雪が少ない台湾でも記録的な大雪が降り、乾燥地帯で降水量が少ないカザフスタンでも大雪が降った。

二〇二〇年の二月、二〇・七五℃と南極観測史上で最高気温が記録され、温暖化論者は喜んだようだが、一方で最近の南極の冬の最低気温はマイナス九七・八℃という報告もある。温暖化なのか、寒冷化なのか世界的な傾向としてはどちらなのか、断言するのは難しい。ある局地的なところを見れば、寒くなったりあるいは暑くなったりしているように見える。地上で測っている気温というのは全部、観測地点という「点」で観測したものだから、場所によって全然違ってくる。だから、グローバル・ウォーミングなのか、あるいはグローバル・クーリングなのか、どっちなのだ、ということを見るためには、全世界のことを見る必要があるのだ。

人工衛星から上空の気温を測ると、これはグローバルになる。地上から二キロメートル上空の大気底層の結果を見ると、そんなに温度が上がっているということはなくて、一九七六年から二〇一六年まで大体コンスタントだ。一九八二年（エルチチョン噴火）と一九九一年（ピナツボ噴火）の大噴火の後で気温が下がり、一九九七年、九八年と二〇一四～一六年に起きた強いエルニーニョは気温を上昇させた。CO_2は増え続けたにもかかわらず、エルニーニョとエルニーニョの間、気温は上昇していない。詳しくは渡辺正『「地球温暖化」狂騒曲』（丸善出版）参照。

一九九七年以後は大気底層ばかりでなく地表の温暖化もストップしていることは記録がはっきり示しているから、これは認めざるをえない。そうすると、人為的温暖化論者は、「ハイエイタス（hiatus）：地球温暖化の停滞現象」の原因は、熱が海の底に閉じ込められているからだと言い出した。物理の性質で考えると誰でも分かるように、

「熱はどんどん上に行くんだから、なんで海の底に閉じ込められるのだ」

と聞くと、「そういう現象なんだ」と、まあ開き直るんだな。

温暖化については、現実にここ二〇年以上地球規模の気温上昇が止まっているのでシロ

クマが減っているとか、地球の温暖化がもたらした今年の暖冬とか、台風の被害が増えたとか、あるいは雪が足りないとか、そんな話しか出てこない。
温暖化のせいで、オーストラリアで大火事が起きた、とか、何でも温暖化に結びつけるが、オーストラリアの大火事の原因のひとつは放火のようだ。

《オーストラリア東部ニューサウスウェールズ州で、二〇一九年七月に始まった火事は年を越し、二四〇日以上も燃え続けて、ようやく二〇二〇年三月二日に鎮火した。少なくとも住民二八人が死亡、民家約三〇〇〇棟が全焼した。野生動物の最大一〇億匹が犠牲になったという。

一九年一一月、鎮火ボランティアとして参加していた一九歳の男が放火犯として逮捕、訴追された。

さらに、二〇二〇年一月、ニューサウスウェールズ州の警察は、意図的に火災を起こしたとして、これまでに少なくとも二四人が検挙されたことを明らかにした》（CNN、二〇一九・一一・二八、二〇二〇・一・八、二〇二〇・三・七の配信より抜粋）。

《ニューサウスウェールズ州警察は今年一月、昨年一一月以降に「森林火災に関連する犯罪行為」で一八三人が訴追されたと発表。そのうち、二四人が故意に火をつけた罪に問われたという。それ以外は、キャンプファイヤーや、あるいはタバコやマッチを捨てるなど、火気厳禁の決まりを守らなかったことが原因だった》（BBC、二〇二〇・一・二〇配信）。

私がオーストラリアに住んでいた一九九四年一月にもシドニーで大火事があり、その時も放火した人がいた。大火事の直接原因は雷と放火であるが、オーストラリアでは周期的に大火事が起こるのは確かで、温暖化がどれほど関係しているかは分からない。オーストラリアは乾燥化しているというけれど、オーストラリアの火災があった地域は、長期的に見ると、乾燥化がどんどん進んでいるわけではない。

降雨量の増加傾向にあるところと、減少傾向にあるところと、世界的にはばらつきがあって、地球全体が乾燥化しているということもないし、湿潤化していることもない。そこらが難しいところだ。暖かくなっているところもあるし、寒くなっているところもある。それがCO_2のせいかどうかは分からない。

「人為的地球温暖化教」の教徒たち

二〇一九年に、台風一五号と一九号が立て続けに東日本を襲って、各地で大きな被害が出たことがあった。被災者の方々は本当にお気の毒で、「ボランティア任せにしないで、国が真面目に支援しろ」と声を大にして言いたいところだが、当時の安倍政権は、オリンピックと憲法改悪のことで頭がいっぱいで、国民の生活のことなどどうでもいいみたいだった（新型コロナウイルス禍の時も同じだったけれどね）。

ところで、台風で被害が出るのは地球温暖化のせいだとかたくなに信じている人がいて、「人為的地球温暖化は疑ったほうがいいよ」と、いくらエビデンスを挙げて説明しても、理解するつもりがないのか、能力がないのか、ツイッターなどで罵詈雑言を浴びせてくる人もいてびっくりする。きっとこの人の頭の中では、人為的地球温暖化は万有引力の法則と同じくらいの、絶対の科学的真理だということになっているのかもしれない。

『もうすぐいなくなります――絶滅の生物学』（新潮社）を出版したとき、帯に「人類は、いつ消える？　そのあとは、牛の天下!?」と書いてあることに反応して、「そのことについて詳しい話を聞きたい」と「FRIDAYデジタル」（講談社が運営しているニュースサイト）

の女性ライターから電話があった。帯は私が書いたわけでもないし、この話はアメリカの研究者の仮説（というより、ホラ話）で、私は信じていないよ、と言ったのに、私の独自意見を聞きたいと食い下がって自宅までやってきた。

どうやら、地球温暖化がこのまま進めば、人類は暑さで絶滅してその後は牛の天下になる、といったセンセーショナルな記事を書きたかったようで、私がいくら人為的地球温暖化はウソだと説明しても、納得しがたいようで、「このまま温暖化が進んで、気温が五〇℃になれば人類は絶滅しますよね」などと宣《のたま》う。

「カンブリア紀以来、五億四〇〇〇万年もの間、地球の平均気温が五〇℃になったことは一度としてないのだから、人類がどんなにCO_2を排出しても、地球の平均気温がそこまで上がることは絶対にない」

と説明しても、浮かない顔をしている。

その後も、自分の思い描くシナリオにのっとった話に誘導すべく、いろいろ突っ込んでくるのに、私が乗らないものだから、結果的には何だかよく分からないような記事になった。この人も典型的な人為的地球温暖化教の信者である。

日本人の大半は真面目で素直でお人好しなので（まあバカともいうが）、マスコミ（朝日新聞とＮＨＫが特に酷い。なんの利権があるのか）が吹聴する、人為的地球温暖化という新興宗教もどきにコロリと騙されてしまっているようだ。それで、CO_2削減という錦の御旗を掲げるハゲタカ企業に、税金のみならず、自分のお金も、思考能力もむしり取られているわけだね。

マスコミは、最近、台風の勢力が強くなり、数も多くなり、被害も甚大になったのは、温暖化のせいだと、何のエビデンスもなく、垂れ流しているけれど、そもそも、台風の数はこの半世紀を通じて微減傾向にあるし、勢力も一九六〇年代や七〇年代のほうが強かった。そういうことをツイッターに書くと、居丈高にエビデンスを見せろという人がいるけれど、気象庁のサイトで公開されているのだから自分で調べればいいのにね（気象庁のサイトによると、一九六〇年代の合計発生数二九六個、以下七〇年代二六七、八〇年代二七〇、九〇年代二六八、二〇〇〇年代二三九、二〇一〇年代二五二個）。そういう人に限って自説のエビデンスを示したことはないのだから。

自分の主張はマスコミや日本政府のお墨付きがあるので、エビデンスは示す必要がなく、反対する人だけがエビデンスを示さなければいけないという考えは不思議だが、もしかしたら、地球温暖化は弱い立場の人や野生動物を苦しめるので、地球温暖化を憂慮する人は弱者の味方の正義の人であり、懐疑的な人は地球環境より金もうけのほうが大事な悪の権化であるといった、悪しき考えを、小学生の頃から刷り込まれているのかな。人為的地球温暖化に反対する人は無条件でバッシングしていいと思っているのかもしれない。太平洋戦争中の鬼畜米英と同じで、子どもを洗脳するのは簡単だからね。

　マスコミは事あるごとに温暖化のせいで、「ツバルが沈む」「シロクマが絶滅する」「夏には北極海の氷が全部溶ける」といった話を垂れ流しているので、善良な人々は、「可哀そうに」あるいは「大変だ、これから地球はどうなるのだろう」と思い込んでしまうのかもしれないけれど、ここ二〇年以上ツバルの海水準はほぼ横ばいだし、シロクマの頭数はここ一〇年ぐらいの間に三〇%ほど増加したし、夏に北極の氷が溶けてなくなる気配はない。日本のマスコミは危機を煽る科学者の声だけを取り上げて、反対意見の科学者の声をほとんど無視しているので、多くの人が人為的地球温暖化を真実だと信じるのも無理はない。

　実のところは、人為的地球温暖化論を推進しているのは、エコという正義の御旗を梃子にCO_2削減のためのさまざまなシステムを構築して金もうけを企んでいる巨大企業と、それを後押しする政治権力で、反対しているのは何の利権もなく、データに立脚して物事を考える科学者なんだよね。普通の人が騙されている主流の論調とは正反対に、金まみれなのは人為的温暖化論者のほうで、貧乏なのは人為的温暖化懐疑論者なのだ。

ところで、台風の発生数が少なくなっているのはまぎれもない事実なので、最近では温暖化のせいで台風の発生数が減少するという説が現れたという。ということは、温暖化はプラスということではないか。しかし、これは温暖化悪玉論者にとっては有り難くない話なので流行らないだろうね。

マイケル・マンの敗訴

去年（二〇一九年八月）、そのことを象徴する裁判があった。ホッケースティックグラフ（人為的地球温暖化論者の間で英雄扱いされているマイケル・マンがでっち上げた、二〇世紀の後半になって地球の温度が急激に上がったように見せかけるグラフ。人為的地球温暖化論者に聖典のように仰がれている）がデタラメだと激しく批判したティム・ボール（カナダ・ウィニペグ大学元教授）を、マンがボールの住むカナダ・ブリティシュコロンビア州の裁判所に名誉棄損で訴えたのだ。典型的なスラップ訴訟（強者が弱者に対して起こす、嫌がらせ訴訟）である。

マンは莫大な資金力をもつ環境利権団体をバックにもつが、ボールは貧乏な学者である。

裁判費用は日本円にして一億円ぐらいかかる。訴えられたティム・ボールが、金がないのを見透かして、「批判は間違っていましたと謝れば、和解に応じてもよい。訴えは取り下げてやる」と圧力をかけたんだね。怖《おじ》気《け》づいて和解に応じるに決まっていると、マンもマンの支援者も簡単に考えたんでしょうな。

ボールは根性があって、和解はしないと撥ね付けた。ボールの意気に感じた人為的温暖化論懐疑派の個人から支援金が結構集まって、それで裁判をやった。

結果は、マンの完全敗訴で、ブリティシュコロンビア州の最高裁判所は、原告（マン）の訴えを棄却し、被告（ボール）の弁護費用の全額を賠償せよ、と原告に命じた。

被告が求めた、マンがホッケースティックグラフを作成するために使用した原データを開示せよ、という請求を拒んだことが、敗訴の大きな理由だった。もともと捏造したのだから、原データを開示できるわけがない。

この裁判も日本のマスコミ（少なくとも朝日新聞やＮＨＫ）は全く報じなかったけれど、世界の科学者の間では、最近とみに人為的地球温暖化論は怪しいと考える学者が増えてきた（詳しくは日本評論社から刊行されている『「地球温暖化」の不都合な真実』マーク・モラノ著、渡辺正訳を読んでください）。

そこで、危機感を抱いた温暖化論者が代弁者に立てたのが、第一章にも書いたスウェーデンの一六歳（当時）の少女グレタ・トゥーンベリさんだったというわけだ。彼女は、地球温暖化対策は喫緊だという演説をしたけれど、一六歳の少女がいくら熱を込めて演説しても、ウソが真実に化けるわけではない。

マイケル・マンのグラフは、相当いかがわしい捏造をしていたということは、アメリカあたりの学者は知っていながら、政治的な配慮でCO_2を悪者にしたほうが、研究資金が取れるという考えがあるので、どうしようもない。

日本でもそうだ。政治的な配慮が働いてしまうのがCO_2問題の一番難しいところである。CO_2削減で儲けている人間がいっぱいいると、止められない。

エコカー減税だとか、ソーラーパネルだとか、何でも儲けている人がいるので、それを止めると、どうしてもそれを商売にしている人の息の根を止めることになる。

システムが動き出すと、それは避けられない。例えば、コロナ騒ぎで、中国から観光客が来なくなったが、インバウンドで儲けていた観光業もお土産屋さんも全部アウトになっちゃう。それがいいとか悪いとか言う以前に、それで儲ける仕組みができあがるとクラッシュが起きるまでは止められなくなるということだ。

このように、環境問題に関しても、変なシステムを立ち上げると、それを元に戻すのはひじょうに大変だということで、科学的な合理性だけで終わらなくなってしまうのが一番の問題だろう。

地球の気候は太陽の活動に影響を受ける

さまざまな文献を調べてみると、CO_2の濃度上昇が温暖化の原因になっているなんて証拠はない。逆に温度のほうがCO_2濃度の上昇に先行している。自然現象として、寒冷期には大気の二酸化炭素は海水に取り込まれ、温暖期には海水から二酸化炭素が大気に放出される。過去五〇万年のデータを見ると、気温が上昇すると二〇〇〜一〇〇〇年後にCO_2濃度も上昇したことが分かっている。

先に述べたように、太陽の活動によって地球の気候が大きな影響を受けることはよく知られている。太陽の黒点が多くなると温暖化して、少なくなると寒冷化する。そのメカニズムを最初に論理的に説明したのは、スベンスマルクというデンマークの学者である。その理屈は次のようなものだ。

地球にやってくる宇宙線が大気をイオン化して凝集核が生成して、そこから水滴が成長して雲が形成されると、地球の温度が下がる。太陽の活動が活発になると（黒点の数と太陽の活動の強さは比例する）、宇宙線の大気中への浸透が妨害され、その結果雲が減少し、気温が上がる。逆に太陽活動が弱まると雲ができやすくなり、気温が下がる。確かに理屈はあっている。私はこの説は正しいと思う。ここのところ、太陽の黒点数は少なく、特に二〇一八年頃からは一〇個以下で、この一年間はゼロかゼロに近い日々が続いており、地球温暖化より地球寒冷化を心配したほうがよさそうだ。

　いずれにしても、食べ物とエネルギーをどうするのかが環境問題の本質だ。作物は、温度がある程度上がり、CO_2が増加すれば収量が増える。「地球温暖化」は神話にすぎないと、ＩＰＣＣ（気候変動に関する政府間パネル）などを批判し続けてきた渡辺正先生は、光合成の専門家だ。CO_2の増加と適度な温暖化はむしろ好ましいと述べているが、もっともなことだと私も思う。

第三章　エネルギー問題の嘘

世界は原油価格に左右される

現在、世界でもっともたくさん石油を掘っているのはアラブ世界であろう。アラブの石油は、一バレル（約一六〇リットル）掘るのに三ドルぐらいしかかかっていない。アメリカで石油を掘るともっとかかる。エネルギーはずっと中東に依存していたから、アメリカは中東にずっと介入していた。あれはエネルギーを確保したいからだ。

アメリカでは、ご存じのようにシェールオイルやシェールガスが取れるようになった。頁岩《けつがん》（シェール）の地層から採取される、中東のものとは別タイプの原油である。これは、一バレル掘るのに、三五〜四〇ドルのお金がかかる。相当高く売らないとペイしない。でも、まあ、アメリカはエネルギーを自分の所で調達できるようになったので、中東にさほど介入する必要がなくなった、そういう状況がある。

シェールオイルとシェールガスが頁岩中にたくさんあることは分かっていたが、昔は掘る技術がなかった。二一世紀の初めに良いやり方が開発されて、ものすごく圧縮した水を入れてその反動で出すようにして、それで掘れるようになった。

アメリカは、食べ物でもエネルギーでも自分の所で調達できるので、もし鎖国しても、もう怖いものがなくなった。

　一番困っているのは中国で、中国は人口も世界で一番。インドが追いついてきたけれども、今でも一番だ。それでいてエネルギーがあまりない。食べ物も自給率一〇〇%とか豪語していたけれど、それは嘘で、アメリカから小麦やトウモロコシなどを売ってもらわないと困る。

　アメリカは食料自給率が二〇〇%ぐらいだから、どこかに売らないといけない。アメリカと中国とは、表面的には喧嘩しているけれど、実際は、経済的にはもうお互いにやり取りしなければ、どちらもうまくいかなくなっている。

　ただ、本当のことを言うと、シェールガスやシェールオイルの埋蔵量は、中国が一番なのだ。それでも、すごく深いところにあるので、今の技術では掘れない。掘ろうと思えば掘れるけれど、ひじょうに金がかかるので、ペイしない。だからやらない、というか、やれない。しかし、そのうち、すごくいい技術が開発されれば、中国がエネルギー大国に躍り出る可能性がある。

　アメリカや中国と違って日本の地下にはシェールオイルは埋まっていない。日本は石炭もほとんどないし、天然ガス田も、油田も僅か。南海トラフを掘るにしても、掘ると地震が起こる恐れがあって困っている。南海トラフには、メタンハイドレートと呼ばれるエネルギー源がかなりあるけれど、現時点では生産コストが高すぎてペイしない。

オーストラリアは、いざとなったら石炭が潤沢にあるので、石炭を掘ればいい。

昔は石油を輸出できるところが中東しかなかったので、中東は、供給をある程度絞っていた。供給をある程度止めれば、原油は高くなる。それで、ＯＰＥＣ（石油輸出国機構）でいろいろと調整して、原油価格を上げたり下げたりしていたわけだ。その後、アメリカが参入したので、あまり原油の価格を上げると、今度は売れなくなってしまう。それで、どんどん原油の価格を下げたのである。アメリカのシェールオイルの会社が競争できなくなるようにと下げた。そのあたりの駆け引きによって、中東の石油の価格革命が起きた。今度のコロナショックによって、流通とか人の行き来とかが止まるので、エネルギーが必要なくなってくる。売れなくて貯蔵しておくのに金がかかるから、原油の先物価格は一時マイナスになった。お金を払いますので引き取ってくださいという話だ。原油の先物価格がマイナスになったのは史上初である。日本のガソリンも多少安くなると思うが、税金が一リットル当たり六〇円以上取られるのであまり安くならないかもしれない。

エネルギー価格は、世界情勢に左右される。需給のバランスにも左右される。資源が枯渇すれば高くなる。

ただし、石油はまだ相当ある。少し前までは、「石油はそろそろピークアウトする」などと言われていたのを覚えている人も多いと思う。石油は実はピークアウトなんかしてなくて、少なくともあと二〇〇年ぐらいは何とかなりそうだ。かつての大産油国以外にも新しい油田が見つかるので、簡単にはピークアウトしない。現在の埋蔵量第一位の国はベネズエラである。シェールオイルとかシェールガスも含めれば、相当持ちそうだという。四〇〇年ぐらいは持つという人もいるので、まあ大丈夫のようだ。

一番ダメなのは何かと言えば、ウランだ。原子力発電はベース電力として安定供給ができる、と原発を進めたい人々は主張するけれど、日本でやっている軽水炉型の原発の燃料のウランは、あと一〇〇年でなくなる。だから、どんなに原子力発電所を頑張ろうとしたって、次の世紀にはアウトになってしまう。

しょうがないから、原子炉の使用済み核燃料を再処理して、軽水炉の代替燃料として使えるMOX燃料というものを燃やす。さらには、何度も繰り返し廃物利用ができるという、高速増殖炉に使うはずだった。ほんとかいなと思えるような「夢の燃料」が出現するはずだった。福井県に造った高速増殖炉「もんじゅ」で、理論的には一〇〇年でなくなるはずのウランが、ほとんど無限に使える、そういう触れ込みで始めたけれど、結局失敗した。「もんじゅ」型の高速増殖炉というのは世界中で失敗している。それでも、まだ日本では高速増殖炉にしがみつこうとして、すごい金をつぎ込んで運転停止のまま維持していた。維持費用だけで毎日五〇〇〇万円もかかっていた。二日で一億だからすごい金を使っていた。しかし、いくらなんでも、もう高速増殖炉は無理だということで、二〇一六年の一二月に廃炉が決定した。廃炉費用は、政府は三七五〇億円と試算しているが、燃料処理費は含まれておらず、実際は一兆円を超えるだろう。電力を全く作らず、造って壊すだけで一兆円だ。原子力発電がいかにバカげたものであるか分かる。

政府の二〇一四年に公表された試算では、一キロワット当たりの発電コストは表のようになっていた。

見ると確かに、原子力は一番安いことになっているが、事故処理費用や、廃炉費用を過少に見積もっていると思われる。それが証拠に、原子力のコストだけ一〇・一円以上となっていて、上限は示されていない。まだ廃炉の見通しさえ立っていない福島第一原発や、難航している「もんじゅ廃炉」を見れば、原発はムダだということがよく分かる。なんといっても、事故を起こした後の周辺住民の生活苦は金に換算できないのだ。地震大国日本

日本における発電コスト比較

（円／kWh）

種類	2014年
原子力	10.1~円
石炭火力	12.3円
LNG火力	13.7円
風力（陸上）	21.6円
地熱	16.9円
一般水力	11.0円
小水力	23.3~27.1円
バイオマス（専焼）	29.7円
バイオマス（混焼）	12.6円
石油火力	30.6~43.4円
大規模太陽光	24.2円
住宅用太陽光	29.4円
ガスコジェネ	13.8~15.0円
石油コジェネ	24.0~27.9円

で、再び同様な事故が起きない保証はない。再び大事故が起きれば、日本の未来は真に暗いものとなる。原発は可及的速やかに止めるべきだろう。

なお、先の表に示した「バイオマス（専焼）」の「専焼」とは、燃料の比率が九〇％以上、「バイオマス（混焼）」の「混焼」はそれ未満で、石炭などを混ぜたものをいう。「コジェネ」とはコージェネレーションの略で発電の際に生ずる廃熱を有効利用するシステムのことだ。

核融合がうまくいけば一番いいのだけれど、それもうまくいくかどうか定かでない。今はそういう状況である。

原発廃炉と放射性廃棄物の処理

福島第一原発の事故から約九年、二〇二〇年現在、廃炉の作業はどこまで進んでいるだろうか。

事故後に作成された工程表では、全体を第一期から第三期まで三つの期間に分けていた。

・第一期：使用済み燃料プールから核燃料の取り出しを始めるまで。
・第二期：溶け落ちた核燃料、いわゆる「デブリ」の取り出しを一号機から三号機のいずれかで始めるまで。

・第三期：デブリを取り出し、汚染した建屋を解体するなどすべての廃炉作業が終わるまで。

現在はこの第二期にあたる。国と東京電力は、来年（二〇二一年）、二号機で「デブリ」の取り出しを始める予定で、約一〇年を要しここまできた。デブリとは、溶けた核燃料が周囲にある金属製の構造物と混じり合ったもののこと。

第三期は、この「デブリの取り出し」という最大の難関があるので、慎重の上にも慎重な作業が要求され、この先少なくとも三〇年はこの作業が続く。

福島原発の廃炉作業でも問題になったのは、壊れた原子炉の内部で生じる崩壊熱を冷却する「汚染水」の処理である。発電所のまわりに積み上げられた、膨大な数の保存用タンクの光景写真が、今でも時折、メディアでみることがある。海に流すにしても、どこの海にするかで、漁業関係者との折衝が不可避であるし、空中に蒸発させるという処理法にしても、おいそれとは実行できない。

この汚染水の処理も大問題であるが、もっと根本的な問題は、使用済み燃料の廃棄物が放出する放射能の問題だ。

放射性廃棄物は、低レベル放射性廃棄物と高レベル放射性廃棄物の二種類に大別されている。低レベル放射性廃棄物は、セメントやアスファルトで固めてドラム缶に詰めて保管されている。高レベル放射性廃棄物は、再処理されてガラス固化体として地下三〇〇メートル以下の地層に閉じ込められる。

原子力発電所で発生する低レベル放射性廃棄物には、建物の換気、洗濯廃液、使用済みのペーパータオルや古い作業衣や手袋など、「気体状のもの」「液体状のもの」「固体状のもの」がある。燃やせるものは焼却炉で燃やす。煙突から空気中に放射性物質が飛散するが、放射線量は国が定めた範囲に収まるので、環境被害は生じないものとされている。焼却灰や燃やせない低レベル放射性廃棄物は、ドラム缶に詰めて地表から比較的浅い地中で処分されている。人体に影響を与える確率は低く、命に重度の危険はないと言われている。各施設内の貯蔵庫でいったん保管した後、日本原燃（ＪＮＦＬ）が、青森県六ヶ所村《ろっかしょむら》にある低レベル放射性廃棄物埋設センターで管理や埋設処分を行う。埋設された廃棄物は三〇〇年間にわたって管理される。ドラム缶は、最終的には三〇〇万本になる計画である。

六ヶ所村の施設では、埋設開始当初から、さまざまな問題が噴出した。主な理由は、腐食したドラム缶から漏れ出す廃液による水汚染だ。もともと、六ヶ所村の施設付近は地下水に恵まれた土地柄のため、コンクリートやドラム缶が腐食しやすい環境と言われていた。

水汚染の可能性を高める、もう一つの理由は、搬入されるドラム缶がすでに腐食しているケースだ。これは、ドラム缶を補修していれば、施設に搬入しても良いことを国が定めているからである。たとえ穴が空いていても、補修の基準を満たして、とりあえず放射能を防いでいれば問題ないというのだ。そして、各電力会社からの補修済みドラム缶の搬入は頻繁に行われている。

各発電所に貯蔵されている廃棄物が六ヶ所村に集約されれば、最終的な可能埋蔵量はすぐに達成されてしまうだろう。そして、次の再処理場を選定しなければならなくなるのも、時間の問題である。原発の解体問題が待っているからだ。

原発の寿命はおよそ六〇年と言われる。一九七〇年以降の建設ラッシュで開設された各地の原発が、二〇三〇年頃から廃炉のピークを迎えるのだ。一〇〇万キロワット級の原発一基を廃炉にした場合、約五〇万トンのゴミが発生すると言われている。

一九九八年に東海原発が営業運転を停止。二〇〇八年に浜岡原発一・二号機が廃炉を決定、さらに東日本大震災後は、次の原子炉の廃炉が決定している。

敦賀一号機／美浜一・二号機／島根一号機／玄海一・二号機／伊方一・二号機／大飯一・二号機／女川一号機／福島第二、一～四号機。

廃炉を決定した原子炉は、福島第一原発を含めると、二〇二〇年五月二五日時点で、合計二四基となっている。

予想される低レベル放射性廃棄物の総量が途轍もない量になるであろうことは、このことからも分かる。

さらに深刻なのが、原子力規制委員会が線引きを設けた分別によるスソ切り処分（クリアランス制度）だ。スソ切り処分とは、一〇マイクロシーベルト／年以下の極めて低い放射能レベルのものを、放射性廃棄物として扱う必要がないとして、規制対象から外すことができる制度だ。

この制度によって、ただの産業廃棄物に変わった放射能を含んだゴミは、一般のゴミに紛れて処分されることになる。さらに、リサイクルの資源としても活用されることになるだろうから、身の回りの日用品として触れるケースも起こり得るということだ。私たちは、知らず知らずのうちに被曝し続けることになる危険がある。

一方の、高レベル放射性廃棄物は、ガラス固化体の製造直後は、強い放射線を発して表面温度が二〇〇℃を超える。そのため、三〇～五〇年間ほど冷却しながら保管される。これらの保管場所は、六ヶ所村の高レベル放射性廃棄物貯蔵管理センターと茨城県東海村にある東海研究開発センターである。

二〇〇〇年に成立した「特定放射性廃棄物の最終処分に関する法律」により、ガラス固化体の地層処分が法制化された。最終的には原子力発電環境整備機構（ＮＵＭＯ）が電力会社に代わって拠出金を集め、最終処分地の策定や最終処分の実施を行い、三〇〇メートル以上の深さの地層に埋設処分される。

ＮＵＭＯによると、内容は次のようになる。

《日本には、これまでに二四九二本のガラス固化体が存在しており、また、これまで原子力発電で使われた燃料を全て再処理し、ガラス固化体にしたと仮定すると、その量は、すでにガラス固化体となっているものとの合計で、約二六〇〇〇本になります（二〇二〇年三月末時点）》

原発から生じるゴミの始末のために、恐ろしいほどの金がかかる。しかし、その処分費用は、電力会社が捻出しているのだが、いつのまにか、電気料金に上乗せされて消費者が支払うようになっている。ＮＵＭＯのホームページにも次のように記載されている。

《最終処分事業に必要な費用は、原子力発電所等の運転実績に応じた金額を、毎年、拠出金という形で、電力会社等からＮＵＭＯへ納付されています。その拠出金については、電力会社がこれまで、電気料金の一部として、お客さまにご負担いただいています》

自然エネルギーは高くつく

先に示したように、怪しいコスト計算をしている原子力を除き、メジャーな電力源で今のところ一番安あがりなのは石炭火力と、天然ガスだ。二〇一九年の統計で発電割合は天然ガスが三六％、石炭二七・八％、水力と太陽光がそれぞれ七・四％、原子力六・五％である。天然ガスというのは、シェールガスを圧縮して液化して使うものだが、いまは、石炭も固体ではなくて液体にして使えるようになっている。固体というのは、パイプラインで運べないからダメなのだ。

そういうわけで、本当は石炭火力が一番安いけれど、CO_2の排出量が多いとみんなが騒ぐので、それでは自然エネルギーではどうか、というふうに話が進んできた。しかし、自然エネルギーにはいくつかの問題がある。まず、太陽光と風力というのは安定していない。曇りの日が多いと発電量が減ってしまう。風が吹かなければ回らない。太陽光発電が適しているのはサハラ砂漠とか、アメリカのネバダ州とかそういうところだ。

ただ、砂漠で太陽光発電をしても、電気を都市まで運ぶ送電線のロスが大きいので、その問題がネックになる。砂漠の真ん中にあるラスベガスなら、すぐそばにメガソーラーを設置すれば、対応できるかもしれない。

ＥＵはすごいことを考えていて、サハラ砂漠に巨大なメガソーラー発電所を建てて、地中海を越えてヨーロッパに持って来ようなんて言っている。サハラ砂漠はほとんど雨が降らないから、安定供給という点では及第だろうけれど、送電のロスはかなりのものだと思う。

太陽光発電を日本でやろうとすると、梅雨の時期にはほとんど電力が作れない。その季節以外にも、雨が三日も続いたりすると発電量が落ちるから、どうしたってバックアップが必要になる。バックアップは臨機応変に電力が作れる火力発電しかないわけで、風力発電とか太陽光発電をたくさん作れば作るほど、火力発電所が必要になる。つまり、無駄が多い。そうなるくらいなら、太陽光はやめて最初から火力発電にしたほうが、効率がいいのではないか、という話になる。

もう一つは発電コストの問題がある。先に述べたように火力発電が一だとすると、風力発電や太陽光発電は二倍ぐらいかかる。補助金を出せばもっとかかる。それで失敗したのがドイツだ。ドイツは脱原発を決定し、今世紀半ばまでに電力の八〇％を再生エネルギーで賄うという目標を掲げて、風力と太陽光に力を入れた。二〇〇四年に法律を改正して太陽光パネルに補助金を出し、買取価格も大幅に上げたため、ソーラーパネルが乱立して電力料金が高騰して、国民の不評を買い、再生エネルギーへの全面転換は挫折している。

さらにもう一つ大問題がある。太陽光パネルは一〇年か一五年ぐらいすると劣化し、効率が悪くなって、それを取り外さなくてはならなくなる。パネルの中にはカドミウムとかロクなものが入ってない。厄介な瓦礫になるということだ。それは誰が引き取るのか。ゴミになったものの処分費用は誰が出すか。あと一五年も経つと社会問題になると思う。

何がいいか考えると、結局、火力発電に戻る。他の発電施設に比べてそんなに広くない敷地に造ることができる。もし、劣化して壊すことになっても、壊すのも簡単で、放射能も出ない。ただ、CO_2が出るというだけ。CO_2より放射能のほうが怖いことは間違いない。カドミウムを含むソーラーパネルの瓦礫をそこらに捨てられるほうが、よっぽど怖い。CO_2悪玉論という全世界を汚染している「インチキ宗教」を排せば、効率がよく安全な自然エネルギーが開発されるまで、石炭と天然ガスで発電するのが最善である。

発電コストの問題以外にも風力発電と太陽光発電には人への健康被害と自然環境を破壊するという大問題がある。風力発電は低周波を発し、これが健康被害をもたらす。野鳥が風車に当たって死ぬリスクも高い。さらには風下には風が通らなくなり、適当に風が吹くことによって保たれている森林生態系への影響もある。

ソーラーパネルも民家の屋根に設置するくらいならかわいいが、山の斜面を伐採したり、湿地を全面的に被って造られたりするメガソーラーは極めて問題がある自然環境破壊である。湿地は山を削る必要がないことから、それでなくとも開発対象になりやすく、今のように緩い規制でどんどんメガソーラーが造られれば、湿地の生態系は壊滅状態になり、貴重なトンボ類などの個体数が激減することは必至である。

「エネルギーの地産地消」というアイデア

エネルギーの供給システムを、なんとかして変えなければいけないと思う。今は集中的に電気を作ってそれを送電線で配電している。

急流の多い富士川なら富士川で、小規模の水力発電所をいくつか造って、流域の中の、一つの町や市の電気はその電力で賄うということも考えられていいと思う。水力発電も、渇水期などは発電量が小さくならざるをえないので、それを補うためにバックアップ電力をどうするか、という問題は残る。一つのエネルギーだけに依存しないで、こまかく手当てをしていくのが、セキュリティとしても大切なことだと思う。

田舎であれば、小さな揚水式のダムを村ごとに造っておけばいい。余った電力をその揚水に使うことで実質的な蓄電ができる。電力に余裕がある時に余っている電力を用いて水を揚げておき、電力が足りなくなったら（電力需要量がピークの時期になったら）、その水を落として水力発電をするという方法もとれる。

現在、揚水式ダムによる発電のエネルギー効率は約七〇％だ。つまり一〇〇の電気を使ってできる電気が七〇ということだから、三〇はロスだが、それでも余った電気をただ捨ててしまうよりはずっとムダがない。電気そのものは溜めておけないから、揚げられた水という形で発電の源を七割でも蓄えておけばいいというのは合理的だ。

ところが行政というのは、いろいろなことをこまかくやるのは面倒くさいので、東京電力のような大会社から全部の電力を供給してもらったほうが楽だ。東京電力とだけ折衝すればいい。それで広域をカバーするということにすれば手間がかからないから、どうしても、そうなる。

ところが、こまかいやり方を採用してうまくいっているケースもある。これは電力ではなく水の供給の話だが、東京都の水道局から水の供給を受けず、自分のところで水道を運営している自治体が、二つか三つある。東京都水道局と独立に運営している。例えば、昭島市がそうだ。昭島市では、市の水道の素晴らしさを、次のように解説している。

《昭島市の水道水は全て地下水で賄われています。地下水は市内に二〇箇所ある深井戸から汲み上げられます。

川の水やダムに貯めた水を利用する水道では大きな浄水施設が必要ですが、昭島の水道はきれいな地下水を利用しているため、少しの消毒だけで水道水になります。

昭島市内に、合計二〇本の井戸があり一日に約三万八〇〇〇立方メートルの地下水が汲み上げられています。井戸の深さは一五〇メートルから二五〇メートルです。

地下から汲み上げられた水は、配水場の中にある着水井《ちゃくすいせい》という場所に集められます。

ここに集めて、汲み上げた水の量を計測し、地下水をまとめて消毒しています。
　地下水を消毒するのに必要な薬の量は、プール一杯の地下水に対して、コップ三分の一くらいです》（同市ＨＰより参照し編集）

昭島市へ出かけて、水道の蛇口をひねって水を飲んでみたくなるような文章だよね。武蔵野市も似たようなことをやっている。武蔵野市は、自分の所の井戸で掘った水を八〇％、東京都の水道局から二〇％をもらって混ぜている。

井戸を掘って、そこからいい水が出れば、中央から水をもらう必要がないというケースだ。

　中央の水道局と関係なく、独自に水道水を作っている所は、他にもまだあると思う。そういうふうに個別にいろいろやったほうがリスクを分散できる。何かの災害が起きた時に対応しやすくなる。集中的な管理システムだと、元が駄目になると全部がアウトになってしまう。

自然エネルギーは他にもいろいろある

繰り返すが、エネルギー問題というのは、いろいろな条件を考えた多様化が必要だ。どれが一番いい、それでなければいけない、ということではなくて、風力を使えるところ、風がよく吹いているところは風を利用すればいいわけで、例えば沖縄は、冬は天気が悪くて風が吹く。その時は、太陽光よりも風力が向いている。実際、沖縄には風力発電所が結構あって、そこそこ、うまくいっている。

日本の本土では、普段は風があまり強くなくて、台風の時だけものすごい風が吹く。こういう場所では風力発電は効率が悪い。秋田沖などの洋上ではコンスタントに風が吹く場所もあり、九州電力の子会社らが共同で建設を計画しているようだ。

火山活動が盛んなところは、地熱発電が結構いける。日本は火山が多く、地熱発電は風土に合っている。

アメリカの環境活動家レスター・R・ブラウンは、二〇〇八年に来日した時、「日本は地熱発電で国内電力の半分、もしかして、全部を賄えるかもしれない」と発言した（東京新聞、二〇〇八年六月二三日付）。潜在的にはその通りかもしれないが、現実にはさまざまな障害があって、それほどうまくいかない。

ひとつは好立地は国立公園などの保全地域に多く、簡単には発電所を建てられない。もう一つは建設コストが高く、メンテナンスも大変なことだ。しかし、前に示したように、一キロワット当たりの発電コストは一六・九円で風力や太陽光より安いので、立地条件さえよければ、もっと推進されてしかるべきだが、二〇一九年の統計では、発電割合は〇・二%で、太陽光の七・四%、風力の〇・八%を下まわっている。政府はあまり推進するつもりはなさそうだ。利権に結びつかないのかもしれない。しかも、火山のふもとで地熱発電を計画すると、温泉地では源泉が涸れるという心配から温泉組合が反対運動を起こすことが多く、なかなか、やっかいなようだ。

水力発電でも同じ問題があって、小水力発電に向いている急流の富士川や、あるいは大井川や、天竜川にしても、流域一帯に、いろいろな組織の水利権があって、水量が少ないことが多く、どこにでも発電所が造れるというわけにはいかない。富士川でも大井川でも、大きな川の下流には、大雨の時以外は水があまり流れなくなってしまう。

二〇一九年の台風の時に、ダムが決壊するかしないかの瀬戸際で、最終的にはダムの水を放流することにした。私が思ったのは、台風が来そうだということになったら、その前にどんどん放流してダムを空っぽにしておけばいいじゃないかということだった。満タンになるまでにうんと時間かかるわけだからね。

ところが、ダムの取り扱いにも、きちんとした法律の縛りがあって、ダムというのは、常にある程度以上一定の水を貯めておかなければいけないのだそうだ。水利権の問題があって、現場の判断で勝手に放流するわけにはいかないのだ。全部放流して空にした後で雨があまり降らないと責任問題になる。ダムを管理しているところが、台風の接近を知って、もしかしたら緊急放流が必要になるかもしれないと考えたとしても、独断で事前に放流することはできないようだ。なかなか一筋縄ではいかないのだ。

リスク分散のためには、細かい電力を少しずつ発電する方法を、普段からいろいろ考えておく必要があると思う。

例えば淡路島の近くに鳴門の渦潮がある。そこでタービンを回せば効率よく発電できると思う。入る時と出る時との両方で発電できる。淡路島で使うくらいの電力はそれで発電できてしまうんじゃないか。徳島大学の研究では原発四基分のエネルギーになるという。そういうこともやっぱりやったほうがいいと思っている。

波力発電の可能性

日本は海に囲まれているので、波力発電も有望である。波の上下動を利用して空気を動かし、その圧力を発電機のタービンに伝えて発電し、光を灯して海上に浮かぶ航路標識ブイというものがある。「益田式航路標識ブイ」と呼ばれるもので、一九六四年に益田善雄という元海軍特攻隊の隊長が開発した。今では世界中でこのブイが利用されて、航路の安全に寄与しているという。出力は小さく（最大出力三〇～六〇ワット）、用途も限定されているが、波力発電の先駆者として記憶されている。

波力発電の方法は、今までのところ、大きく四つの方法が行われている。

・振動水柱型：「益田式航路標識ブイ」で採用された方法。この方式が一番広く実用化されている。波のエネルギーを利用して空気を動かし、この空気でタービンを回して発電する。タービンに直接波が当たらないシンプルな構造のため、故障や腐食に強い。

・可動物体型：タービンを用いず、波エネルギーを振り子の運動エネルギーに変換し、油圧モーターを回転させて発電する。二〇一六年一〇月に、岩手県久慈港に完成した「久慈波力発電所」が、この方式。防波堤の外の海底に設置した基礎部分の上に建屋を搭載し、建屋の中に発電機があって、その下に大きな「ラダー（舵）」と呼ばれる波受け板がぶら下がる。波受け板（二×四メートル）は海からの波と、防波堤から戻る波を、行ってこいで受けて、回転力を高める。回転軸が発電機とつながっていて電力を生み出す。年間の発電量は約九万kWh（キロワット時）、一般家庭の使用量に換算すると二五世帯分に相当する、という。

この他に、貯留池の水面と海面の高低差を利用してタービンを回転させる「越波型発電」と、高速で回転する円盤を大きな浮きの上に置き、波に揺られて傾いた円盤が真っすぐ元に戻ろうとする「ジャイロ効果」を利用して発電する「ジャイロ式発電」がある。

波力発電のメリットは、エネルギー源が枯渇する心配がない、面積当たりの発電効率が高い、発電の安定性が高い、などがあげられる。

もちろん、デメリットもある。設置コスト・維持コストがかさむ。安全性に問題がある（台風による大波や、地震による津波の災害に耐えられるか）。漁業への影響をどうするか。海流の流れが活発な場所は、波力発電所にとって好立地だが、そこは、魚が群れる好漁場だということでもある。

自然エネルギーに関しては、その他に、将来的には藻類も有望であるが、それについては、第七章で論じる。

第四章　ゴミ問題の嘘

ペットボトルのリサイクルはムダだらけ

今は、日本中どこに住んでいても、ゴミの分別収集が行われていて、燃えるゴミ、プラスチック・ゴミ、不燃ゴミ、などなど、色違いのゴミ袋に入れて、あるいは結束して、決まった曜日に、集積場所に出しておくのが普通になっている。

他に、資源ゴミというカテゴリーがあって、新聞紙や段ボール紙は、しばって出し、ペットボトル（キャップをはずして）と瓶や缶は、集積場に用意してある専用の袋に入れる。資源ゴミは、再生して再商品化するべきであると、「資源有効利用促進法（リサイクル法）」には書いてあるけれど、実際のところはどうなのだろうか。

なんだか、リサイクルは無条件に良いことだとされているけれども、リサイクルするためにも金がかかるし、エネルギーも要る。リサイクルをすることによってどれくらいの金とどれくらいのエネルギーがかかるかを考えないで、リサイクルすること自体を目的にすると、倒錯的な問題が生じてしまう。

「ＰＥＴボトルリサイクル推進協議会」という団体がある。一九九三年の設立。合成樹脂メーカー、ＰＥＴボトル製造メーカーのほか、清涼飲料、酒類、醤油、みりん、果汁飲料メーカーなどで構成される。この団体が、毎年、「指定ＰＥＴボトル（公認のリサイクルマーク付き）」の年間回収率を公開している。二〇一九年に発表された前年度の数値は、販売量六二万六〇〇〇トン、回収量五七万二〇〇〇トン（回収率九一・五％）である。ちなみに、一〇年前の二〇〇八年は、販売量五七万三〇〇〇トン、回収量四四万六〇〇〇トン（回収率七七・七％）だった。

回収したペットボトルが全部リサイクルされるものではないようで、二〇一八年の再資源化量（海外向けを含む）は、五二万九〇〇〇トン（リサイクル率八四・六％）であった。

いまや、近くのスーパーやコンビニでは、ものすごい種類のペットボトル入り飲料・調味料が売られていて、それを回収するためのボックスが、どこの店でも入り口近くに置かれている。自宅で飲み終わった分のボトルを、お店の回収ボックスに持ってきて入れている人をよく見かけるが、この「リサイクル推進協議会」の回収量の数値は、「市町村が消費者から分別収集するもの」も含む、とあるから、市の回収車に持って行ってもらっても、スーパーの回収ボックスに持参しても、行き着く先は同じだ、ということが分かる。

問題は、このように、ペットボトルを、わざわざ金とエネルギーをかけてリサイクルして、再生製品化しても、ボトルが白濁してしまって、品質が悪くなるということだ。ヴァージンの原料から作ったものと同じようには作れない。回収されたペットボトルから作るPETは、相当なエネルギーを注ぎ込んで作っても、最初に石油から作るPETよりも格段に品質が劣る。日本人の消費者は、そんな白濁して汚れているように見えるペットボトルは商品として好まないから、結局それは売り物にならないということになってしまう。誰も買わないものを、わざわざ作って売ろうとする人がいるのだろうか。

ただ、これだけ回収率・再資源率が高いということは、白濁してもかまわないような商品に再生されているということを示しているだろう。実際、リサイクル協会のホームページに紹介されている再利用品カタログには、次のような商品が並んでいる。トートバッグ、カーペット、エクササイズ用マット、衣類用ハンガー、帽子など。

そういう、有効な再商品化もあるかもしれないが、問題は、人々がこんなにせっせと分別してペットボトルをゴミに出しているのは、「リサイクルできますよ」と言われるからで、人はむしろそれが良いことだと考えて、ペットボトルをどんどん捨てているということだ。しかし、そうして捨てられたペットボトルが回収された後、その全部が、ちゃんとリサイクルされているわけではない。リサイクル協会の出す数値を疑うわけではないが、実際にはペットボトルはかなりの割合で燃やされていると思う。ペットボトルを燃やしてしまっても深刻な環境被害をもたらすような有害物質が大量に発生するわけではないから、大きな問題は生じない。

むしろ、ペットボトルは燃やしてしまったほうがいい。とくにペットボトルは、生ゴミと一緒に燃やしたほうがかえって効率が良いと思う。

生ゴミは熱量が低いから燃えにくい。そのために重油をかけて燃やしているのが現状である。しかし、生ゴミにペットボトルを交ぜると、ペットボトルが熱源になるおかげで生ゴミは燃えやすくなる。つまり、ペットボトルを生ゴミの中に一緒に交ぜて燃やせば、わざわざ重油を使わなくてもたやすく生ゴミを燃やせるのだ。

それなのに、ペットボトルをわざわざ分別して収集して、しかも燃やしているというのは馬鹿馬鹿しいほどのムダだと思う。どうせ燃やすのなら、何のためにペットボトルを可燃ゴミと分けて回収しているのか分からない。

分別をするのにもエネルギーが要るし、金も要るし、人手も要る。それに見合わない回収をしてリサイクルをすることは、回収とリサイクルそのものを目的化する人たちの利権を生み出しただけではないのか。

日本人の多くは、ある意味では、ナイーブで、かつ、道徳的な倫理観も発達しているから、ふだん自分でできることがあるのならば、環境に良いほうを選ぼうとか、なるべく環境にやさしくしたいとか、そのように考えている善男善女は多いと思う。そういう人たちは、それがちゃんとリサイクルされると思えばこそ、ペットボトルを積極的にリサイクルゴミとしてしっかり分けて捨てている。それで環境に良いことをしていると信じ込んでいる。そういう人のナイーブさにつけ込んで、ただ一部の人の利権のために行われているペットボトルの分別回収というのは、即刻やめてしまったほうがいい。私は、このことを一○年以上も前から言い続けているけれど、いまだに続いているのは、よほど利権のうまみがあるからだろうね。

最近、ペットボトルを可燃ゴミにしてもいい自治体も出てきたのは良いことである。

自治体指定のゴミ袋はエコロジカルではない

それでもまだ、ゴミに関して実にムダなことをしている自治体は多い。例えば、指定ゴミ袋などもムダの最たるものである。

私が住んでいる東京の八王子市の場合、生活ゴミは指定された青色と黄色のゴミ袋に入れて、可燃ゴミと不燃ゴミに分けて出さなければならない。二○リットル入りの中《ちゅう》袋は一〇枚で三七〇円。一枚三七円もする。ここ一〇年は値段が変わっていないけれども、他の自治体でもこのくらいの値段なのだろうか。

あの指定ゴミ袋は、ヴァージンの石油から作られているから、原価が高い。ただ燃やされる目的のためだけに、わざわざ作られている袋というのは、明らかにもったいない。

一方、スーパーマーケットのレジでもらえるレジ袋は、廃油から作られるから、原価はひじょうに安い。ほとんどタダ同然だ。タダ同然のものから作られているからこそ、レジ袋は無料でもらえていたわけだ。あのレジ袋に、印刷するか、シールでも貼って、「この袋にゴミを入れて出してください」というふうにすれば、それで何の問題もないはずである。

行政が、ゴミの回収や処理をするために金が必要だというのであれば、高いゴミ袋を買わせるのではなく、スーパーのレジ袋を有料にして客に売り、スーパーマーケットに課金するシステムをつくればいいだけだ。

レジ袋をそのままゴミ袋に転用するのが、エネルギー効率もいいし、環境にもいいのは間違いない。その上、そうすることでゴミ自体も減る。

こうした私の主張が行政に届いたわけでもあるまいが、「プラスチック製レジ袋の有料化」

ということが去年（二〇一九年）の暮れ頃から言われだして、先行して一枚五円を徴収するスーパーも出てきている。しかし、このレジ袋をゴミ袋に転用するという話はないようだ。

経済産業省が、容器包装リサイクル法の省令を改正し、二〇二〇年七月からの有料化を義務付けたものである。もともと、海洋プラスチック・ゴミの被害が世界中で拡大していて、その対策の一つとして実施されることになった。有料化で得た収入は、その対策費用にあてるのだという。

ただし、先行してレジ袋を有料にしたスーパーを利用している私の知人（男性）が言っていたが、見ていると、ほとんどの客、ことに女性は、全くといっていいほど、五円のレジ袋を買わないそうだ。

最近では「エコバッグ」といって、客が買い物用の特別な袋を買わされたりもしているけれども、そういうエコバッグをつくるのにもエネルギーと金がかかっているということについてはあまり考えられていない。わざわざエコバッグを買うぐらいなら、廃油から作られているレジ袋を買い物袋として使い、ゴミ袋としても使ったほうが、実はよほどエコロジカルなのではないかと私は思う。

ダイオキシンは本当に危険なのか

毒といえば人は何を思い出すのだろうか。青酸カリ、ヒ素、ニコチン、アルコールなどだろう。あるいは、ボツリヌス菌やブドウ球菌などの名前を出す人もいるかもしれない。少し飲んだだけで即死する毒もあれば、大量に飲まなければ死には至らない毒もある、ということはほとんどの人は知っている。

では、ダイオキシンという毒物は、毒性の位《くらい》がどの程度高いのか、他の毒と比べてどうなのか、それについて、すぐに答えられる人はそうはいないのではないか。

ひょっとすると、ダイオキシンはこの世で一番危険な物質だと思い込んでいる人が多いのではないだろうか。そういう幻想を国民に植え付けた事件があったので、まず、その話から。

一九九九年二月、テレビ朝日の「ニュースステーション」（司会・久米宏）が、所沢産のホウレンソウから高濃度のダイオキシンが検出されたと大々的に報じて、所沢の農家がパニックに陥った。環境総合研究所の青山貞一《あおやまていいち》という人が番組に出演して、「所沢産のホウレンソウのダイオキシン濃度は極度に高い」と発言し、野菜の不買運動が起き、農家は大損害を被《こうむ》った。結局この話はインチキで、テレビ局と青山氏は後日、風評被害を受けた所沢の農民から提訴され、テレビ局が一〇〇〇万円の和解金を支払って決着した。

ところが、このテレビ報道をきっかけにして、いわゆる「ダイオキシン法」（ダイオキシン類対策特別措置法）が一九九九年七月に成立し、二〇〇二年一二月から本格的に適用されてきた。ウソの報道でも、人々が信じれば法律さえ作ることができるわけだ。もちろんウソに基づく法律は悪法に決まっている。

さらに、このテレビ報道が犯した、もう一つの大罪がある。

「ダイオキシンは最悪の危険物質だ」

という幻想を多くの国民に植え付けたことである。

法律名に「ダイオキシン類」と「類」がついているのは、ダイオキシン類には約二二二種の物質があるからであって、毒性の強い上位何種類かを、まとめて「ダイオキシン」と呼ぶ。普通にダイオキシンと言うときは、その中で最も毒性の強い「テトラ・クロロ・ジベンゾ・パラ・ジオキシン」（ＴＣＤＤ）という種類のことを指すと覚えておいてもらいたい。

ダイオキシンはどこから発生するのだろうか。これも、普通の人はゴミの焼却（それも塩化ビニールのようなプラスチック・ゴミの焼却）から発生すると信じている人が多いだろうが、それはどこまで本当の話か。さらに、ダイオキシンは天然には存在しない物質だと思っている人も多いみたいだが本当だろうか。

ダイオキシンは、炭素・水素・酸素・塩素、というどこにでもある元素の化合物である。これらの四元素を含むものを数百℃の熱にさらせば必ず生ずるものだ。ということは、山火事が起きればダイオキシンができる、ということだ。草原が出現したのは新生代になってからだが、森林はその前、古生代の半ば頃から存在した。森林があれば必ず山火事が起き、ダイオキシンができる。だからダイオキシンは少なくとも古生代から存在した。いま、全世界で一年間に燃える木や草の量は五〇億〜一〇〇億トンと言われる。一トンの木を燃やした時に生成するダイオキシンの量は、先ほどのＴＣＤＤ換算で一〜一〇マイクログラムだと言われているので、生成するダイオキシンの総量は一〇〇億トン燃えたとして一〇〜一〇〇キログラムだと推定される。これが地表から三キロメートル上空まで、均一に拡がると大気一立法メートルあたりのダイオキシンの量は〇・〇一〜〇・一ピコグラムと計算できる。日本の一般環境の平均値は〇・一四Pg-TEQ/m^3（環境省の二〇〇〇年の調査）と言われているので、バックグラウンド（人為以外）のダイオキシンの相当量は山火事で作られたものと考えられる。

つまり、我々は、ゴミの焼却があってもなくても、猛毒のダイオキシンを日常的に吸い込んでいるということである。大丈夫なのか？　大丈夫なのだ。

どんな恐ろしいものでもごく微量ならばなんの問題もない。我々は毎日たくさんの病原菌を摂取しているが（病原菌が付いていない食べ物などはほぼ存在しない）、一定以上取り込まなければ病気になることはないのだ。ブドウ球菌の毒素やボツリヌス菌の毒素の急性毒性はＴＣＤＤに比べ二桁から三桁強いが、これらの菌を数個取り込んだからといって発病することはない。

普通に食べる食品にも毒はいっぱい入っている。キャベツには青酸が、ジャガイモにはソラニンという毒物が入っているが、少々摂取しても健康被害を起こすことはない。熱帯地方でよく栽培されているキャッサバ（タピオカの原料になる）の根には青酸がかなり大量に入っているが、生でたくさん食べない限り死ぬことはない。毒というのは摂取量が問題なのであって、物質そのものの毒性だけを云々《うんぬん》してもしょうがない。アルコールの毒性はダイオキシンとは比べものにならないくらい低いけれども、急性アルコール中毒で死ぬ人が時々いる。

ダイオキシンを摂取して死んでしまう量はどのくらいだと、みなさんは考えるだろうか。我々は一日にＴＣＤＤ換算で、およそ一〇〇ピコグラムのダイオキシンを摂取している。モルモットはダイオキシンに最も弱い動物だが、ヒトもモルモットと同じ程度に弱いと仮定したとしても、三〇〇万日（八二〇〇年）分のダイオキシンを摂取しなければ、死ねない計算になる。普通の生活をしている限り、ダイオキシンで死ぬことはありえない。

　特別な事故でも起きない限りダイオキシンは健康被害をもたらすような物質ではないのだ。その特別な事故は世界でいくつか起きている。悪名高いのは、イタリア・セベソの農薬製造工場の爆発事故だ。この事故では少なくとも三〇〇グラムのＴＣＤＤがまき散らされ、三万人が被曝したとされる。一五〇〇人ほどの住民にダイオキシンの急性症状としてよく知られる塩素座瘡《ざそう》という皮膚炎が出たが、全員短期間のうちに治り、死者はいなかった。もうひとつ、オランダ・デュファールの農薬工場爆発事故で、事故直後に現場を清掃した作業員五〇人のうち一六人に塩素座瘡が出たほか、四人が数か月以内に亡くなった。史上、この四人だけがダイオキシンで死亡したかもしれない唯一の例だ。日本ではダイオキシンで死んだ人はいない。

〈注〉一グラム＝一〇〇〇ミリグラム
一ミリグラム＝一〇〇〇マイクログラム
一マイクログラム＝一〇〇〇ナノグラム
一ナノグラム＝一〇〇〇ピコグラム
すなわち、一グラムは一ピコグラムの一兆倍。

ゴミがないと困るハイテクのゴミ焼却炉

かくして、テレビ局の間違った報道から生まれた、ダイオキシン法によって、家庭用焼却炉や学校の焼却炉では、紙ゴミや庭のゴミでさえも燃やすことができなくなった。家の庭からちょっとでも煙が上がると、役所の職員が注意にやってくるようなことになった。今では、里山近くに家がある人は、ある程度自分のところで燃やせるようになったみたいだけれど。

その悪法のため、家庭用の小さな焼却炉を製造販売していた会社は潰れてしまった。

代わりに、ゴミの焼却処分のために、住宅街から遠く離れた山の中などに、高熱でゴミを燃やせるようなハイテクの高級焼却炉が巨費を投じて建設された。家庭用焼却炉ではなく、ハイテクの高級焼却炉を作るメーカーはそれで相当に儲かったわけだけれども、その高級焼却炉のある場所へ、ゴミを車で運ぶためにだって相当のエネルギーが要るわけだから、そんなことをするぐらいなら、自分の家で燃やしたほうが本来はいいはずなのに、それができなくなった。

そもそも、ダイオキシンの「環境ホルモン」作用で動物がメス化するだとか、家庭ゴミ焼却炉から出るダイオキシンで赤ん坊が死んでいる、などということが一時期よく騒がれたけれども、それらはみなウソだった。実はゴミを燃やして出るダイオキシンの量はそれほど多くはないことも先ほど示唆した通りだ。

いっときダイオキシンの量が増えたのはたしかで、その原因の大半は農薬であった。一九六〇年代後半から七〇年代末までに使われた水田の除草剤のペンタクロロフェノールやクロルニトロフェン中に不純物として含まれるダイオキシンが、分解速度が遅いためにそのまま存続し続けていたのを問題にされたものであった。

何度も言うが、重大な健康被害を引き起こすような量のダイオキシンは、ゴミの焼却によっては生じない。

ハイテクの高級焼却炉というのはある意味で原子力発電所に似ているようなところがあ

る。いちど稼働させてしまったら簡単には止めたくはないのである。

いったん稼働を止めてしまうと、再度、炉を高熱にするのにエネルギーがかかる。それでは効率が落ちてしまうから、そうならないためにずっと炉を稼働させてゴミを燃やし続ける必要がある。

これはほんとうに妙な話で、ゴミ処理を効率よくするために常にゴミがないと困ってしまうということになる。ゴミを減らす目的で作ったものなのに、ゴミがないとシステム上の効率が悪いから、何としてもあちらこちらからゴミをかき集めてこなければいけない、というヘンなことになってしまっている。ここにも、システムの不具合をそのままにして、動き出したシステムだから止められない、という、前の章でも言及した、根の深い問題が露呈していると思う。

そんなにずっとエネルギーを大量に使って高熱を維持しているのならば、場合によってはその熱を別の目的に使うこともあっていい。ゴミ焼却炉と連動した温水プールを作っている例もあるようだけれども、私は、ハイテクの高級焼却炉でなら、火力発電だってできるのではないかと思う。こまかくエネルギーを作れる施設が、全国の自治体に散在しているのだから、これを利用しない手はないと思うのだけれど、なぜか、温水プールと、でっかいお風呂ぐらいにしか使われていない。もったいないことこの上ない。

ダイオキシン法以前には、家庭で小分けして燃やす、学校で一校ごとにゴミを燃やす、とやっていれば済んだことを、それをやめて、代わりにハイテクの高級焼却炉を数億円もかけてひとたび造ってしまうと、小回りがなかなかきかなくなってしまう。せっかく造ったのだから廃炉にするのはもったいない、ということにどうしてもなりがちである。

本書のそこかしこで私が強く訴えているのは、集中型のものを作るより、分散型にしたほうが良い、ということだ。分散型ならば、ひとつがダメになっても、別のものに切り替えやすいからだ。分散型のほうがリスクも少ないということなのである。

なお本章に関しては『ダイオキシン』（渡辺正・林俊郎、日本評論社）からたくさんの情報を引用した。記して感謝の意を表したい。

この本は、国民の不安を煽って金儲けに結びつける利権団体の暗躍を暴いてまことに見事である。

第五章　食料問題の嘘

食料問題が喫緊な日本

二〇二〇年三月三一日、国際連合食糧農業機関（ＦＡＯ）、世界保健機関（ＷＨＯ）、世界貿易機関（ＷＴＯ）は「Mitigating impacts of COVID-19 on food trade and markets」という共同プレスリリースを公表。そこには次の内容が述べられている。

《世界中の人々が食料安全保障と生計を国際貿易に依存しているため、各国のパンデミック対策制定による食料供給への潜在的影響や食料安全保障への意図しない結果を最小限に抑える必要がある》

つまり、食品に貿易制限がかかった場合、食料供給が不安定で脆弱な国で食料不足が起こることが懸念されているのだ。第一章でも少し触れたが、日本の食料自給率は現在、四〇％弱。日本の農林水産物の輸入は、アメリカ、カナダ、オーストラリア、中国、ブラジル、アルゼンチン等に多く依存している状況だ。日本は自国の自給率を減らしてきたことで食料問題が安全保障問題になっている危険な国だといえる。これもあちらこちらで話してきたことだが、「日本は気候が良く、食物を育てるのに本来は適しているはずなのに」である。情けない話だ。

「食料消費」と「農業生産」両面からの「早急な食料自給率の向上」は、よく分からない法の改正よりも急ぐべき重要事項だろう。バブル経済に踊らされてバンバン山を潰して作られたゴルフ場を今から畑にしようとしても、耕地化するのには軽く五〜六年はかかる。国は早急な対応が求められている。パンデミックばかりでなく、他国との軍事的な緊張が高まって、経済封鎖という状況になれば、戦争が始まる前に国民は飢えに直面することになる。最も重要な国民の安全保障は軍事力の増強ではなく、食料自給率を一〇〇%近くまで引き上げることだ。

　国の自給率を向上させたいなら個人消費者が少し高くとも国産の食料を買うか、輸入食品に関税をかけて高くすればよいのだけれど、グローバル・キャピタリズムを推進している政府の政策は真逆のほうに向いている。高級スーパーマーケットやオーガニック専門店、デパートで国産の高級食料を買える人々は富裕層に限られ、中産階級以下の層は安い外国産の穀物や肉を買わざるをえない。その結果、食料自給率は下がる一方になる。

遺伝子組み換えの何がいけないのか

食料問題解決のためのテクノロジーというと遺伝子組み換えの危険性がよく問題視されるが、私は遺伝子組み換え作物自体はそれほど危険だとは考えていない。

遺伝子組み換えが問題になるとすれば、遺伝子組み換えの作物を買えば、農家よりも例えばモンサント（現在はバイエルに買収され、モンサントの社名は消えた）のような、多国籍農業資本の儲けになってしまうということだ。それはやっぱり問題があると思う。

そもそも、作物というのは、昔から、ものすごい年月をかけて、食べられそうなものを探し、品種改良して、毒を抜いたり苦味を抜いたりして、おいしく食べられるようにしたわけだ。そういう多くの先人の苦労を無視して、多少の遺伝子を操作しただけで、特許を与えるというのは、まず根本的に間違っている。特許を取った作物の種《たね》は使用料を払わないと使えない。多国籍農業資本が儲かるようなシステムを作った罪は重い。

野草を噛むとすぐ分かるけれど、普通の野草は、ひじょうに苦かったり、アクが強かったりする。たいがいの野草というのは食えたものじゃない。それを、先人たちが苦心の末、苦味を抜いたり、毒を抜いたり、交配したりしてうまいものを作ってきたのである。

植物は、動物に食われないように毒を持っているものが多い。理由は単純で、植物には排泄器官がないからだ。動物は排泄器官があるから、代謝終産物質を肝臓で解毒して、最終的には腎臓から尿の一部として出す。植物はそれができないので代謝終産物質を液胞の中に貯めておく。古い細胞ほど液胞が大きいのはそのためだ。液胞の中に動物が忌避する物質が入っていれば、植物の生存戦略として意味がある。人間は、それを品種改良して、食べられるようにした。

野草料理の研究家は、そんな野草の中から少しでも食べられそうなものを探して、おいしく食べられる料理の仕方を研究するのだが、ある研究家は死ぬ前に「野菜ほどうまい草はない」と言ったという話がある。品種改良した栽培品種が一番うまいということだ。

ホウレンソウもアク抜きして食べているけれど、原種のホウレンソウなんて、すごくまずいと思う。小麦だってトウモロコシだって、長い時間をかけて品種改良をしてきた結果、おいしいものになっている。僕らが子どもの頃食べたトウモロコシなんて、実が固くて、歯にささるし、粒を齧り取らなければ食べられなかった。今、市場に出ているスイートコーンやミニトマトなんてほとんど果物みたいだけれど、別に遺伝子組み換え作物ではない。遺伝子を組み換えなくてもどんどん品種改良はできる。

遺伝子組み換えの二つのタイプ

ところで、遺伝子組み換えには、二つのタイプがある。一つは土の中にいるカビから取った、昆虫を殺す物質（Btタンパク質）を発現させる遺伝子を作物に組み込む。昆虫が遺伝子組み換え作物を食べると、Btタンパク質は昆虫の腸管内で毒性を発揮し昆虫を殺す。昆虫の腸管内はアルカリ性で、Btはアルカリ性の環境で有毒になる。人間の腸管の中は酸性だから、Btは有毒にならない。食べると昆虫は殺すけれど人間は殺さないという物質を作物が作り出すようにしたのが遺伝子組み換えの一つ目のタイプだ。

そうすることによって殺虫剤を撒く手間が省ける。撒いた殺虫剤と、葉っぱの中に内在的に組み込んだ殺虫剤はどちらも昆虫を殺すが、一般的には前者は人間にも有害で、後者は無害だ。殺虫剤を使わなくても作物はできるが、膨大な手間暇がかかり、その結果作物の価格は高くなる。殺虫剤を使わずに、安い作物を大量に作ることは不可能で、七八億人もの世界人口を養えない。そう考えると、殺虫剤を野菜の中に組み込むという、このやり方は結構いいかもしれない。ただ、問題が全くないわけではなくて、この遺伝子を組み込んだ作物が近縁の野生種と交配すると、Bt遺伝子が野生種に伝播して、それを食べた「人間に害を与えない昆虫」が死ぬということが起こる。これは、生物多様性の保全の観点からは問題であろう。もう一つは、除草剤耐性の薬を野菜の中に組み込むというやり方だ。

除草剤で一番有名なのはグリホサート（商品名「ラウンドアップ」）である。グリホサートは先に述べたモンサントが開発した除草剤で芳香族アミノ酸（トリプトファン、フェニルアラニン、チロシン）の合成を阻害して植物を枯死させる。

除草は、農作業の中で最も大変で、薬剤で除草ができれば、少ない労力で作物を生産でき、価格も安くできる。しかし、当の作物が枯れてしまっては仕方がない。そこで、遺伝子組み換えによってグリホサートに非感受性の遺伝子を作物に組み込み、当該作物だけが除草剤で枯れないようにすれば、畑にかける手間を大きく省くことができる。アメリカにおける大豆やトウモロコシの除草剤耐性品種の作付け面積は今や九割以上と大幅に増加してきた。しかし、グリホサートは人体に対して安全だと喧伝されてきたが、非ホジキンリンパ腫の発がん原因となることが分かり、多くの訴訟が起こり、モンサント社を買収したバイエルに対し、多額の損害補償金を払うようにとの判決が下されている。

日本でもラウンドアップは手軽な除草剤として売られているが、あまり使わないほうがよさそうだ。問題はグリホサートが食品に入って残留することだ。ＥＵでは、グリホサート禁止の動きが強まっているが、日本では逆に残留基準を二〇一七年の一二月に大幅に緩和して、アメリカの基準値にほぼ足並みをそろえた。

除草剤耐性作物に関連して、最近、除草剤耐性雑草が繁殖しているようだ。もともとそういうタイプの雑草が存在していたという説と、耐性作物と交雑して生じたという二つの説があるが、両方とも正しいのではないかと私は思う。

おそらく真の原因は、除草剤耐性作物の作付け面積が増大し、除草剤耐性雑草にとって有利な状況になったせいだろう。自然はなかなか人間の思い通りにはいかないのだ。

農薬より怖い「減農薬」

少し前にヨーロッパやアメリカでミツバチが一斉にいなくなるという事件があった。当時は、何が原因かよく分からなかったんだけれど、ネオニコチノイドのせいだということが分かって、ネオニコチノイドの毒性が広く人口に膾炙した。

ネオニコチノイド系の農薬は植物に吸収され、蜜を吸ったり花粉を食べたりしたミツバチに取り込まれると、ミツバチの脳神経系に作用して方向感覚を狂わせてしまう。それで巣に帰れなくなって死んでしまう。

最近、ネオニコチノイド系の農薬は哺乳類の脳神経系の発達にも影響を与えて、人間の自閉症やＡＤＨＤなどの原因になるんじゃないかと、発達障害の原因を長年研究している黒田洋一郎氏が発表している。今はＥＵではネオニコチノイド系の農薬使用は全面禁止だ。ＥＵに逆行するように日本ではそのネオニコチノイド系農薬の残留基準を二〇一五年度から大幅に緩和した。

ネオニコチノイドを規制しようという主張をする人は日本でもたくさんいるが、薬品製造会社の政治力のせいか、アメリカ産の作物への忖度《そんたく》のせいか、なかなか現実化しない。

昔の農薬は撒いてしばらく経つと効果が薄れたので、一度撒いて、しばらくしてまた撒いてということを繰り返すのが普通だった。ネオニコチノイド系の農薬は強い農薬なので撒布回数を減らせる。人間には優しいというふれ込みだけれど、虫には猛毒なのだ。「減農薬」という言い方をして、「農薬を減らした」ということを強調しているけれど、ひじょうに強い薬だから、かえって怖い。私はカミさんに「無農薬はいいけれど減農薬の食品は買わないほうがいいよ」と言っている。普通の農薬をたくさん撒いているほうが安心かもしれない。

強い農薬といえば、プリンスという商品名の薬があって、薬品名は「フィプロニル」という。これについては、赤トンボの研究の結果、分かったことがある。

稲の苗が入った苗箱を、田んぼに植える前にプリンスが入った水溶液に一回つけてから植えると他の農薬は必要がない。手間がかからず環境にも優しいということで普及した。

私の大学の二年後輩である上田《うえだ》哲行《てつゆき》君という、石川県立大学の教授（現・名誉教授）が調べたら、フィプロニルを使っている田んぼでは、使用以前に比べ一〇年間でアキアカネの個体数が一〇〇〇分の一以下に減った。むちゃくちゃだよね。フィプロニルを使わないところではアキアカネの数は減っていないという。

フィプロニルもネオニコチノイド系の農薬だから、人間にも害があるかもしれない。そういう、あまりにも強い農薬は使わないほうがいいと思う。

あとは、アメリカからやってくる果物などには、ポストハーベストの問題がある。収穫した後に、果物が腐らないように表面に薬剤を振りかけているもので、あれもかなり人間に影響があると思う。地産地消でやれば、ポストハーベストの問題は生じない。食料自給率アップの見地からも、外国産の果物は敬遠したほうがよさそうだが、国産のものとの価格差があって、それを解消する手立てを考えないと根本的には解決しない。

抗生物質入りの肉と養殖魚

微量の抗生物質を餌に混ぜて家畜に与えると家畜の体重増加を大幅に早めることが分かり、一九五〇年代からアメリカでは抗生物質の投与が行われてきた。

日本でも、「飼料安全法」の規制に基づいて、家畜に薬剤を与えることはゆるされている。例えば、アビラマイシンという抗生物質がある。これを豚に投与すると顕著な体重増加が観察される。餌一〇〇〇キログラム（一トン）に混ぜる薬剤の量は一〇グラム程度でよい。それで一日の体重は、投与しない場合に比べて有意に増加した。

他にも効果の期待できる抗生物質が何種かあり、かなり長い間家畜に与えられてきた。

なぜ微量の抗菌薬を餌に混ぜて投与すると増体効果が得られるのか、そのメカニズムは、まだ解明されたわけではないようだ。低濃度であっても抗菌薬なので、腸内細菌の組織を変えて、体重増加をもたらす細菌に有利な環境を作るのではないかと考えられるが、決定的な理由は分かっていない。

豚の体内に抗生物質が入ると、薬剤耐性菌が増えるのは、他の動物の場合と同様である。家畜の糞便中の耐性菌が食肉の処理過程で、肉の表面に付着することがあり、そういう食肉を加熱不十分の状態で食べると、耐性菌がヒトに伝播し、ヒトの健康を損なうのではないか。そういう懸念も指摘されるようになった。ＥＵでは、「予防原則」（科学的に因果関係が十分証明されない状況でも、規制措置を可能にする制度）を適応して、二〇〇六年から、抗菌性飼料添加物を餌に添加することを全面的に禁止している。

日本では、内閣府の食品安全委員会が、家畜に抗菌性飼料添加物を与えることで増加した薬剤耐性菌（ハザードと呼ぶ）が、食品を介してヒトの健康にどのような影響を与えているか、最新の科学情報を基に評価を行い、ヒトに対するリスク評価（きわめて高度に重要、高度に重要、重要）を公表している。また、農林水産省は食品安全委員会の評価結果を受けて、リスク管理を実行している。抗菌性飼料添加物については、リスクが無視できる程度以上であれば禁止措置を取る。実際、二〇一八年七月に、硫酸コリスチンとバージニアマイシンという二品目の抗生物質が使用禁止となった。

抗生物質の使用は魚の養殖でも普通になっている。

どれだけ信憑性があるかは分からないが、「チリ産サーモンは、抗生物質のスープの海で泳いでいる!?」というセンセーショナルなタイトルの記事がオンラインメディアに載ったことがある。

《ロイター通信によれば、昨年（筆者注：二〇一五年）四月にアメリカ小売業界で第三位のコストコが、店頭に並ぶチリ産サーモンの割合を九〇％から四〇％に減らすと発表しました。／コストコは、チリから毎週、約二七〇トンの鮭を輸入、チリがアメリカに輸出している量の八・五％を占めていました。これによって、チリの鮭養殖産業は大きな打撃を受け、他の企業がこれに続くのではないかと、養殖業者は懸念しています。／……二〇一四年、チリは八九万五〇〇〇トンの鮭生産量に対し、五六万三二〇〇キロもの抗生物質を使用していました（前年比二五％増）。対照的に世界最大の鮭生産国ノルウェーで二〇一三年に使われた抗生物質の量は、生産量一三〇万トンに対し、九七二キロでした》

大量の魚を一か所で養殖すると、いったん感染症（例えばピシリケッチア症）が発生した場合、魚群が全滅しかねないので、抗生物質で対抗するのはやむをえない側面がある。しかし、抗生物質をどれだけ投与するかは程度問題だろう。チリのサーモンを食べて具合が悪くなったという話は書いていないので時々食べる分にはそう問題はないのかもしれない。

日本でも、魚類の養殖は盛んに行われてきた。海に面した地域が主な生産地であり、生産量の順に、ブリ、ハマチ、マダイ、カンパチ、以下、クロマグロ、トラフグ、車エビなどが続く。養魚場によっては抗生物質を使っている所もあると思う。

私の友達が沖縄で車エビの養殖をしていた。病気が出たらあっという間に全滅すると言うので、彼は毎日のように自分の養殖の池に素潜りで潜って、ほとんど薬を使わないで育てたと言う。へたりそうになった車エビは分かるんだそうだ。近くのおじさんが「車エビが儲かりそうだから俺もやりたい」と始めたけれど、二年で全滅したという。やっぱり細かく見ていかないといけない。手間暇かけないでやるためには、初めから抗生物質を大量に使うしかない。

「そんな車エビなんて食べたくない」

と友人も言っていた。どんな動物でも飼い主の愛情というか、きめ細かさ、面倒見のよさが大切だということだ。海のない山梨県では淡水魚の養殖が盛んである。ニジマス、ヤマメ、イワナ、アユなどで、近年は海外にも輸出している。

飽食と食品ロスについて

コンビニエンスストアの食品売り場は、いつ行っても、おむすびや弁当、調理したお惣菜が並んでいる。「毎日売れ残りが出て、それをどこかにまわすわけにはいかないから、全部捨てているらしい」ということはずいぶん前から話題にのぼっていた。日本は、あまりにもたくさんの食べ物を捨てている。実際、「食品ロス削減推進法」という法律が二〇一九年一〇月に施行された。農林水産省の資料（同年四月発表）によると、年間六四三万トンが食品ロスとして計上されている。廃棄コストが二兆円にも及ぶ。

日本で捨てられている食べ物を飢餓で苦しむ国や地域にまわせば、相当多くの人が助かると思う。あまりにも食べ過ぎて、そのあげく「ダイエットしなきゃ」と言っているのは、どう考えても合理的でないし、非倫理的だ。自分で食べるものを自分で作ってみれば、作るのがどれほど大変なことか身にしみて分かるから、捨てるなんてもったいないと思う人が多くなるはずなのだが。第一次産業に占める人口割合が一五歳以上就業者の五％ではどうにもならない。

僕らが子どもの頃は食べ物が大事だと教わって、ご飯一粒でも残すと怒られたものだ。いまは、食べ物がありすぎる。バイキングなんて、いくらでも食べられる。自分が食べきれるかどうか考えずに、皿に目一杯盛り上げている人がいるけれど、見ていると、帰りにはテーブルの上にたくさん食べ物が残っている。

食べずに捨ててもあまり批難されず、当たり前のような世の中になってきた。なぜそうなるかというと、食べても捨てても消費したことに変わりはないから、農業資本は食べないでたくさん捨てたほうが儲かるからだ。グローバル・キャピタリズムの世の中では「もったいない」は「資本主義」に勝てないのだ。

私はよく旅行に行くけれど、何が一番イヤかというと、旅館の食事の多さだ。次から次へと食べきれないほどいっぱい持ってくる。出されたものを残したら悪いと思ってみんな食べるものだから、旅行に行って帰ってくると、一キロや二キロ太ってしまう。

「うまいものを、ほんのちょっとだけ食べさせてくれればいいのに」

といつも思う。だからホテルに泊まる時には夕食は頼まない。朝食はバイキングで軽く食べて、夜はレストランなどで自分の好きなものを少しだけ食べるようにしている。お客には食べ物をたくさん出すのがもてなしだと思っている接客業の経営者がまだ多いのかもしれない。客のニーズと言いながら時代に逆行していると思う。

中国では、ぜんぶ食べきるのは足りないサインだという文化があるらしく、すぐまた次を持ってくる。ちょっと残すのが礼儀みたいだ。そういう異なった文化もある。

第六章　人口問題の嘘

AIの発達と労働の変化

世間では少子化が大問題だと騒がれているが、本当に少子化は悪いことなのだろうか。グローバル・キャピタリズムは安い労働力と高い消費力によって存続してきた。人口が増えれば労働者の数も増加し、労賃は安くなる。さらに人口が増えれば、消費力も増える。なるべく低コストで商品を生産して、大量に売れば儲かる。これがグローバル・キャピタリズムの生存戦略なのだ。そうであれば少子化で困るのはグローバル・キャピタリズムであって、一般の人々が本当に困るのだろうか。生態学的に考えれば、人口が減少すれば一人当たりの資源量はむしろ増えるわけだから、平均的に人は豊かになるはずだ。

一万年前に五〇〇万人程度だった世界人口は西暦元年には二億人、二〇世紀初頭には一六億五〇〇〇万人、今や七八億人に達した。しかし、人口増加のカーブは徐々におだやかになり、二〇一七年に国連が発表した予測によれば、二一〇〇年の世界人口は一一二億である。このうちアフリカが三九%、アジアが四四%、その他一七%である。日本は現在の一億二〇〇〇万人から八五〇〇万人に減ると予測されている。それとは別に六〇〇〇万人を切るとの予測もあり、人口減は不可避の状況にある。これは日本のみならず、先進国はみな似たような状況だ。

子育てには金がかかり、一人当たりのＧＤＰが下降ぎみで、貧しい人が増えていく日本で、少子化を止めるのはほぼ不可能であろう。ならば資源も人口も右肩上がりという前提のもとに作られたシステムはあきらめて、新しいシステムを構築する他はない。

いま働いているシステムを変えるのは大変だ。人々が新しいことに対応するのはなかなか難しいが、技術の進歩は人間の感性を変える可能性がある。

今のように、普通に会社に行って、そこで商品を生産してというようなシステムが続く限りは、企業としては、安い労働力が必要である。今の世界情勢というか、経済状況からすると、日本人を雇うより、やっぱりフィリピンやミャンマーから労働者を雇ったほうが安上がりということになる。今まで日本のコンビニで働いている外国人は中国人が多かったけれど、中国が経済的に上昇してきたので、今は、ブラジル人や、ミャンマー人や、フィリピン人が多くなってきた。

ところが、さらに技術が進んで、人を雇うよりもロボットにやらせたほうが安いということになれば、雇用の必要がなくなる。そうなったとしてもすぐには母国に帰らないだろうから、それはそれで大変な問題が残る。とりあえず二、三年先の儲けだけを考えて外国人を入れるのはリスクが大きい。私は前からそう言っているが、とにかく、単純労働者を外国からどんどん入れるという、今の政権のやり方は、大変な禍根を残すことになりそうだ。

最近話題を集めている無人スーパーは、省力化を進めて、人件費を削減するといった、企業にとってのメリットは大きいと思われるけれど、逆から見れば、レジ係はクビになるということだからね。ＡＩは雇用を奪うという巷間ささやかれている話が、現実になってくるということでもある。

客は専用のアプリや会員カードを携行しなければ入店できず、商品についているバーコードを読み取って決済し、そのまま退店できる。二四時間いつでも営業していることや、店員と話さなくてもいいといったことをメリットと感じる客には有り難いかもしれないけれど、どんな商品を購入したかという個人情報は筒抜けになる（ＡＩのビッグデータに集積される）ことを覚悟する必要がある。

ＡＩで管理すると、どんな商品がどれだけ売れたかがリアルタイムで分かり、発注も自動的に可能になるけれど、しばらく店頭にあってあまり売れなかった商品はＡＩの判断で撤去されるといったことが起こり、あまりポピュラーでない商品を買いたい客にとっては、有り難くない事態になることもある。ＡＩは過去のビッグデータの統計解析によって店頭に並べる商品の質と量を決めるだろうから、客層が異なる地域では品ぞろえも異なってくる。ただし、品ぞろえを決める最も正しいアルゴリズムがア・プリオリにあるわけではないので、適用するアルゴリズムを変えたら、売り上げも変動するに違いない。アルゴリズムの良し悪しが、売り上げによって検証されるわけだ。

　売り上げを左右する因子はものすごくたくさんあるので、どの因子にどれだけの重みづけをするかで、売り上げは異なってくるだろう。平日と休日の品ぞろえを変えたり、天気予報によって変えたり、試行錯誤しながらアルゴリズムは進歩していくのだろう。

　ＡＩはある因子と売り上げの相関を調べ、アルゴリズムに組み込むだろうが、相関は因果関係ではないので、過去のデータから見たらそうなりそうだという話に過ぎないし、根本的な状況が変われば、話は全く違ってきてしまう。これはＡＩで未来予測をするときに注意しなければならない重要な問題になる。

　過去のビッグデータを統計解析する能力において、ＡＩはすでに生身の人間の能力を超えてしまったため、将棋や囲碁の世界では最高峰のプロもＡＩに勝てなくなってきている。

　野球では、例えば個々のバッターの過去のデータを分析し、守備陣の位置をバッターごとに変えることが普通に行われるようになってきた。ある状況でバントをすべきか、打たせるべきか、あるいはピッチャーとバッターの過去の相性を計算して、ピンチヒッターを送るべきか、の判断までＡＩが行えるようになってきた。

ゲーム理論によれば、有限回のやり取りで勝負が決するゲームは先手か後手のどちらかが必勝あるいは引き分けということなので、もし将棋がこの範疇のゲームであれば、最善のアルゴリズムが存在することになるけれども、野球はもちろんのこと、将棋も今のところ決定論的なゲームではないので、常勝のアルゴリズムは存在していない。将棋には千日手というものがあって、有限ゲームではない。

過去のビッグデータの統計処理技術が進歩すれば、勝率を上げられるという点では、野球と将棋はよく似ている。ただし、将棋では、ある局面で指される同一の指し手は、ＡＩを含めて誰が指しても同一の価値を持つけれど、野球ではＡＩが強打せよ、あるいはバントせよと命じても、状況がそれぞれ異なるので同一の価値を持つというわけにはいかない。やってみないことには結果が分からない。偶有性の度合いは野球のほうがより強い。

いずれにせよ、これらのゲームではアルゴリズムの良し悪しは勝負の結果により判定されるので、一番良い結果を出すアルゴリズムの信頼性は高いということになる。さっきのスーパーの品ぞろえを決定するアルゴリズムや、アマゾンが顧客の購買リストを分析して、購買意欲をそそる商品の宣伝文を送り付けるアルゴリズムも、結果により判定される点では同じだ。これは、ＡＩの使い方としては、至極真っ当であると言える。

ＡＩと不労社会

ＡＩで代替できる仕事が大半になった時、人々の生活はどうなるのかについて考えてみよう。

オックスフォード大学のＡＩの研究者が、アメリカ労働省のデータに基づいて、七〇二の職種がどれだけＡＩに代替されるかを分析した結果、今後一〇～二〇年の間に、総雇用者の四七％の仕事がＡＩにとって代わられるだろう、との論文を発表して世界に衝撃を与えたのは二〇一四年のことだった。

当時はまだ半信半疑だった人々も、その後六年近くの歳月が流れ、アメリカのみならず、ほとんどの先進国では、多くの仕事が徐々にＡＩに代替されるであろうことはほぼ自明とみなされるようになってきた。スーパーやコンビニの、レジ係のような単純な仕事は言うに及ばず、定まったマニュアルに基づいてデータを処理して結果を出す、といった仕事は相当複雑なものでもＡＩで代替可能になる。その結果、税理士や会計士といった知的職業もそのうち消える可能性が高い。

あるいは、内科医が病気を診断する場合、大前提として大学の医学部に進んで教育を受け、国家試験をパスしなければいけないし、難しい病気の場合など、医師の経験・知識が必要だけれど、ＡＩにやらせたら軽々とクリアしてしまうだろう。データがコンピュータに入っているわけだから、そのデータを見て、何の病気の可能性が一番か、順位をつけて三つほどあげる、などということが、ＡＩなら一分もあればできてしまう。

「この検査データから推測できる、一番可能性の高い病気は○○、次は××」

と答えはすぐに出てくるわけだ。そうすると三つぐらいの候補があって、最終決定するにはさらにどんな検査が必要か、ということまで分かる。

とにかく過去のビッグデータがＡＩにはたくさん入っているのだから、過去のデータの蓄積から統計的に、もっともありそうなものを見つけることにおいて、生身の人間は絶対にＡＩには勝てなくなってくる。あと二〇年もすると、本当に医師はいらなくなるのではないだろうか。医師よりもＡＩのほうが正確になると思う。しばらくは医者の抵抗が凄いだろうから、簡単にはそうならないだろうけれど、内科医は徐々に、しかし確実に、いらなくなる。

　次には、ロボットによる外科手術というのが流行になる。二〇一九年に手術支援ロボットの王者と言われる「ダ・ヴィンチ」に使われている大部分の技術の特許が切れたので、その技術を応用した次世代ロボットの開発競争が激化している。簡単な手術だったらロボットのほうがうまくやれるようになるだろう。本当に細かい微妙な手術は、まだできないかもしれないが、そのうち難しい外科手術もロボットのほうがうまくできるようになると思う。初心者の外科医に手術されて失敗するかもしれないと心配するよりも、ロボットにまかせたほうが安心できると思う患者が増えてくるだろう。ロボットの成功確率が高くなってくると、外科の医者もいらなくなる。もちろん神の手みたいな医師がいて、ひじょうに難しい手術は医者がやらなければならない時もあるかもしれない。でも並の外科医はいらなくなるだろう。

　いずれにせよ、普通の職業で生き残れるのは、マニュアルにない問題に直面した時に、臨機応変に対処しなければならない職業だけとなるに違いない。

　介護士や整体師といった生身の人間相手の仕事は、マニュアル通りではうまくいかないところが出てくるから、しばらくはＡＩは熟達した専門家にはかなわないだろうが、そのうち汎用ＡＩが出現すれば、これらとてもどうなるか分からない。結局、消えてなくならない仕事は、さらに高度なＡＩを考案するといった、最先端の科学研究など、ごくわずかになってしまうかもしれない。

それで、ＡＩにとって代わられた仕事をしていた人は当然失業することになるが、その時社会はいったいどうなるのだろうか。一番ありそうもないのは、多くの人がＡＩに代われない仕事に転職するという未来だ。

ＡＩに代替できない仕事は知的能力以外にも、経験と技能が必要で、三〇歳代くらいまでの人ならばともかく、中高年の人はこれらを身に付けて転職するのは難しいと思う。さりとて、無収入では本人も困るし、社会全体にとっても大きなリスク要因となるから、安定的な社会を築けなくなる。大半の人が無収入では、企業は製品を作っても買う人がいないし、そうなったら、グローバル・キャピタリズムは破綻する。

ＡＩ化はまず先進国で始まり、途上国では遅れるだろうから、最初のうちは、ＡＩで作った製品を途上国に売って、資本主義は何とか機能するだろうが、このままでは、先進国の失業者は飢えに直面してしまうし、最悪の場合は暴動が起きたり、治安が極めて悪くなったりして、社会は崩壊に直面する恐れがある。膨大な失業者を何とか生かしておくためには、食物を現物支給する、生活保護あるいはベーシック・インカム（Basic Income：年齢・性別・所得の有無を問わず、すべての人に所得保障として一定額の現金を支給する制度）といった形で、一定の現金を国民に配分する、などといったことをせざるをえなくなるに違いない。

国が検討すべきはベーシック・インカム

おそらく、あと半世紀もすると、ベーシック・インカムは一般的な制度となるだろう。一番極端な話をすると、エネルギーを産生することから作物や製品の生産まで全部ＡＩにまかせることができるようになったら、働く人がいらなくなる。

そうすると何が起こるかというと、日本なら日本という国で、ＡＩを国営化して、ＡＩに全部やらせる。ＡＩが、日本の人口、日本人の嗜好などのデータから、この食品がこのぐらい、この製品がこのぐらい必要だ、と必要に応じて生産して、それを日本人に配る。配ると言っても人によってニーズが異なるので、均等に配るわけにいかないから、結局のところベーシック・インカムを配って、それで買ってもらうしかない。

例えば年頭に、一人アタマ何百万円か配って、それで自分の好きなものを買いなさい、ということになる。その金の八割は貯蓄には使えないようにする。一年ぽっきりで、八割は全部使い切らなければだめですよ。二割は、不動産を買うなり、車を買うなりするために取っておいていいですよ、ということにせざるをえない。八割のお金は一年券、二割は永久券で、ほぼすべての商品を国が製造すれば、ベーシック・インカムはまたほぼすべて国に戻ってくる。ベーシック・インカムを人間が一律に受け取る、という世界になると、今の世界の経済システムが全く変わってしまって、世界的なグローバル・キャピタリズムは潰れてしまう。そうなると人口が少ないほうがシステムに適合的になる。

　そうなるまでには、まだ当分時間がかかるだろうけれど、ベーシック・インカム社会でなくとも人口があまり大きくない、こぢんまりとした社会のほうが人々は幸せのような気がする。ポスト・グローバル・キャピタリズム、ポスト・コロナ社会には、こまわりのきく適度な大きさの共同体のほうが適合的だ。現在の世界で言えば、例えばデンマーク。医療もタダ、学校もタダ、教育もタダ。そのかわり税金がむちゃくちゃ高い。貧しい人でも、収入の半分くらい税金に持っていかれるシステムなんだけど、それでも、お金がなくたって暮らしていける。いざとなったら、全部国が面倒見てくれるし、年をとっても大丈夫な仕組みになっている。それから、お金のない人は、ほとんどタダ同然のアパートを国が貸してくれる。そういうシステムでやっている国もある。それは人口がある程度少なくて、まとまりがよくて、という国ではないとできない。

日本は人口が一億二〇〇〇万人もいて、ちょっとでかすぎるかなあと思うんだけれど、県レベルでやるんだったらできる。例えば沖縄県だとか。そういうことになると、県ごとに細かく独立してしまったほうがいいかもしれない。

オーダーメイド医療の時代へ

少子化とともにグローバル・キャピタリズムの槍玉に挙げられているのは高齢化である。高齢化で問題になっているのは老人は生産性が低く、社会的コストがかさむ、ということだが、ベーシック・インカム時代になって若い人も働かなくなれば、生産性が低いのは若い人も同じということになり、話はまるで変わってしまう。すると喫緊の高齢化問題は、元気で長生きするにはどうしたらいいかということになる。

しばらくすれば、個人の遺伝子を全部解析して、「こういうタイプの人はこういう病気になって、こういう人はこういう病気になる」ということが分かるようになる。今までは、医者に行くと、日本人の平均を見て、「あなたは高血圧です」「あなたは低血圧です」「あなたはコレステロール値が高いです」という話になっていたけれど、個々人によって正常値が異なるということになると対応もそれぞれ異なってくる。

そうすると、「平均的にはこの数値では高血圧だけれど、あなたの場合は、あまり気にする必要はないですよ」ということも言えるようになってくる。医療が標準療法から「オーダーメイド医療」になってくる。

タバコを吸って肺がんになりやすい人と、なりにくい人は今でも分かるから、あなたの場合、タバコを吸うと肺がんになる確率がかなり高い、とか、あなたは肺がんの関連遺伝子が全部正常だから、肺がんになる確率は極めて少ない、というふうになれば、リスクが少ない人はタバコを吸って、ストレスを解消したほうが長生きできるということになるかもしれない。

今までは、やってみなければ分からない、全部が結果論だった。世界で一番長生きした（一二二歳で死亡）フランスのジャンヌ・カルマンさんは、一一七歳で禁煙したというのだから、その歳までは吸っていたということだ。それでいて、肺がんで死んだのではないから、この人は肺がんに関連する遺伝子が、全部おそらく完璧だったのだと思う。そういう人は、タバコを吸っていても長生きできる。もちろんダメな場合もある。肺がんに関連する遺伝子は七つか八つあると言われているけれど、そのうち五つぐらいの関連遺伝子が壊れている人は、残りの二つが壊れると、肺がんが発症するので、こういう人に対してはタバコを吸うと肺がんの発症リスクが高くなる、とアドバイスする必要がある。

似たようなことは、他の病気についても言える。ただ、面倒くさいのは、将来あなたはこういう病気を発病する可能性が極めて高いです、と言ったときに、治せる病気、あるいは予防できる病気なら、なんとか対処できるけれど、治せない場合はどうするかだ。

ハンチントン病という病気がある。優性の致死的な遺伝病で、遺伝子検査で発症前に分かるけれど、発症しても治せないし、病原遺伝子があればほぼ一〇〇%発症するので、本人に知らせるべきかどうか、あるいはそもそも遺伝子を調べるかどうかというのは、ひじょうに難しい問題といえる。

例えば、五〇歳で発症して、一〇年以内には必ず死亡しますよ、というのが発症する前に分かっても、本人は楽しくないだろう。父母のどちらかがハンチントン病だと、五〇%の確率で遺伝する。遺伝子を調べると、発症年齢が早いか遅いか、軽いか重いか、ほぼ分かる。

あるいは、糖尿病なども、なりやすいかどうかは、遺伝子を調べてみればすぐ分かる。糖尿病の場合、一五歳くらいを過ぎて、身体を作るための食べ物がそれほどいらなくなる歳になって、身体が出来上がったら、糖尿病の遺伝子を持っている人は、その頃からカロリー制限をすると、発症するのが遅くなるか、発症しないで済む。ＱＯＬが断然よくなる。三〇歳くらいまで暴飲暴食して発症してしまうと、一生治らないのだから、こういう病気は、発症前に告げてもいいと思う。

細かく遺伝子を検査して、その人にあった生活の仕方、体調管理をするというのが、健康で長生きをする重要な方法になるだろう。こうしたことをやってくれるのがＡＩで、ＡＩでやらないと個人情報が全部ばれてしまうし、ややこしいことが起きる。

「あなたは三五歳に乳がんで死ぬ確率が七〇％です」

という情報が本人の知らないところで知人に漏れて欲しくはないだろう。

情報が流出すると生命保険に加入することや雇用にも支障が出るのかもしれない。そうすると、ＡＩで管理するしかない。そのＡＩが出した結論を本人だけに教えて、遺伝子のことを知らせずに、あなたはこういう病気になりやすいので、こういうことをしたほうがいいですよ、とアドバイスする世界になってくる。そうするとますます人類はＡＩに支配されてしまう。いいんだか悪いんだかしらないけれどね。そういう世の中になりそうだ。

遺伝子解析について、ちょっと専門的な補足を付け加えておこう。

かつて一三年の歳月と二七億ドルの費用を費やして行われたヒトのゲノムの解析（全ＤＮＡ配列の解析）は、今や一時間、一〇〇ドルでできるまでになった。とはいえ、全ＤＮＡ配列が分かったところで、どのような形質が発現するのか、どんな病気になりやすいのか、どの程度の寿命が見込めるのか、などが正確に分かるわけではない。

比較的簡単に分かるのは一遺伝子の異常が主たる原因の単一遺伝子病くらい。単一遺伝子病には優性のものと劣性のものがあり、最もよく知られている優性の単一遺伝病は先に述べたハンチントン病だ。

ハンチントン病の原因遺伝子は四番染色体の短腕上のＨＴＴ遺伝子で、この遺伝子の第一エクソン（通常、遺伝子は、エクソン、イントロン、エクソン、イントロン、エクソンといった具合にエクソンとイントロンが互い違いに並んでいて、エクソンだけがタンパク質をコードする遺伝情報を担っている）にあるＣＡＧ（グルタミンをコードする遺伝暗号：シトシン、グアニン、アデニン）の繰り返し配列が、三七以上あると発症するとされる。通常は一一〜三四のコピー数だ。中には八〇〇以上のコピー数を持つ患者もいて、コピー数が多ければ多いほど、若年で発症し、かつ重症になる。両親のどちらかがこの病気であると、子は五〇％の確率で遺伝して発症する。

遺伝病の多くは劣性で、父母の両方から原因遺伝子を受け継いだ時に発症する。よく知られている劣性の単一遺伝病は鎌状赤血球貧血症、嚢胞性線維症、テイ＝サックス病などで、比較的若年で死亡するため、子孫を残せることは稀だ。それならば、自然選択により、これらの病気は徐々に集団から消えていってもよさそうなのに、なぜ無くならないかというと、ヘテロ接合体（片方が病原遺伝子で片方が正常遺伝子）が、昔流行していた感染症に抵抗性があるからだ。

ヘテロ接合体は、鎌状赤血球貧血症ではマラリア、嚢胞性線維症ではチフス、テイ＝サックス病では結核に対して抵抗性を示し、病気が流行するとむしろ適応的になる。昔、これらの病気が流行っていたところでは、今も病気の原因遺伝子の頻度が高い。では、なぜ優性のハンチントン病が消えていかないかと言えば、多くの患者は繁殖年齢を超えてから発症するために、遺伝子が子孫に受け継がれてしまうからだ。

これから体外受精が主流になって、受精卵の段階で病原遺伝子を簡単に発見できれば、この受精卵は棄却して、正常な遺伝子を持つ胚だけを育てることができるので、遺伝病を徐々に減らすことが可能になる。場合によっては、ゲノム編集によって正常な遺伝子に置き換えてしまうこともできるようになるだろうが、正常な胚を見つけて育てるほうが簡単なので、こういったゲノム編集は流行らないだろうと思う。

以上に述べたように、医療はどんどん高度化して金がかかるものになってくることは間違いない。グローバル・キャピタリズムに席巻された世界、すなわち、少数の金持ちと多数の中産階級以下という世界では、貧しい層は高度医療の恩恵に浴せない。ここでも人口が少ないほうが人々は幸せになれるのである。

世界を震撼させた新型コロナウイルス

第一章でも触れたように、新型コロナウイルスのパンデミック化は、まぎれもなく環境問題である。世界人口が七八億人に膨れ上がってしまい、交通・流通のグローバル化によって、即座に世界中に拡がってしまったのだから。人口が多く、人や物が世界中を自由に行きかうシステムはパンデミックに対して極めて脆弱だということがコロナ禍の最大の教訓である。

あらためて今回の新型コロナウイルスについて、以下にまとめてみた。

二〇一九年一二月下旬、中国湖北省武漢市で、原因不明の肺炎が発生した。

病気の原因は新型コロナウイルスであることが判明して、WHOは、この病気に

COVID-19（コロナウイルス病-19、日本での名称は新型コロナウイルス感染症）という名前をつけた。このウイルスは、かつて（二〇〇二〜〇三年）広東省で発生したＳＡＲＳウイルスとよく似たウイルスだったことから、SARS-CoV-2という名前がつけられた。「ＳＡＲＳウイルスの二代目」という位置づけである。

　発生からほぼ二か月後、二〇二〇年一月二三日に、中国政府は武漢市を封鎖した。その効果もあって、三月中には感染が終息するだろうと思われた。中国政府は三月二四日、武漢市の封鎖措置を四月八日に解除すると発表した。武漢市のCOVID-19は、ひとまず、沈静化したが、その後、感染は世界に拡がっていった。

　武漢の病院で治療にあたった医師たちが、新型コロナ感染に関する多数のデータを集め、それを分析した論文をインターネット上のサイトに、英文で発表した。その後、感染が拡大していった、世界各地の医師・研究者たちは、このデータを参考にして、目の前に発生した患者たちに対する治療の方針を立てたことが、しばしばネット上で紹介された。

　日本で最初に流行したのはクルーズ船の中である。

　イギリス船籍のクルーズ船「ダイヤモンド・プリンセス号」は、二〇二〇年一月二〇日、横浜港を出発し、鹿児島、香港、ベトナム、台湾、沖縄に立ち寄り、二月三日に横浜港に帰港した。航行中に香港で下船した乗客が、一月三〇日に発熱し、二月一日に新型コロナウイルス陽性であることが確認された。そのため、日本政府は二月三日、横浜港に入港したクルーズ船の乗員乗客の下船を許可しなかった。五日午前七時から一四日間の検疫が開始され、この時点でクルーズ船には、乗客二六六六人、乗員一〇四五人、合計三七一一人が乗船していた。

　日本では、連日テレビで、このクルーズ船の巨大な姿が放映され、どうなることかと見守る人も多かった。神戸大学教授で感染症の専門家である岩田《いわた》健太郎《けんたろう》医師がクルーズ船の内部に入り、二月一八日にYouTubeでクルーズ船内部のゾーニング（安全場所と危険場所の隔離）が杜撰《ずさん》であると告発して大きな社会問題になったが、一般的な受け止め方としては、「金持ちの高齢者たちが豪華客船の旅を楽しんで、たまたま運悪く、ウイルスに感染した人も出たのだろう」くらいの、言って見れば、まだひとごとの域を出ていなかった。結局クルーズ船の感染者は七一二人、死者は一三人であった。死亡率は一・八％で、高齢者が多かった割には低かった。

状況を一変させた志村けんの死

日本で最初の感染者が報告されたのは、一月一六日。中国湖北省に滞在歴のある中国籍の人だった。その後、日本で発見された感染者は、二月末までに二三九人を数えた。ほとんどが、湖北省に滞在歴のある人々だった。二月末までに、この病気で亡くなったのは五人にとどまった。

三月三日に日本全国で一六人の感染者が見つかり、その日までの総感染者数は二八四人。その後は、毎日二桁の数で増えていき、三月二一日には一〇〇〇人を超えた。

タレントの志村けんさんは、三月一七日に発症して二〇日に入院、二三日に検査で陽性と判定され二九日に死亡した。この日までの、全国の死亡者は五四人。ちなみに、志村さんは感染後、重篤になる次のリスク要因を全部かかえていた。

・男性
・高齢者
・血液型A型

・喫煙者

ここに血液型が出てくるのを不思議に思う人がいるかもしれない。武漢大学などの研究者たちの論文によると、武漢市と深圳市での感染者二一七三人の血液型の分布を調べると、A型の人の割合が、感染率、死亡率とも高かったという。武漢市の住民の血液型の分布は次のようになる。

・O型　三三・八四％
・A型　三二・一六％
・B型　二四・九％
・AB型　九・一％

日本と違ってO型が一番多い。そして感染者はこうだ。

・A型　三七・七五％

・B型　　二六・四二％
・O型　　二五・八％
・AB型　一〇・〇三％

さらに死亡者は次のようになった。

・A型　　四一・二六％
・B型　　二四・二七％
・O型　　二五・二四％
・AB型　九・二二％

死亡リスクはA型がO型に比べ一・六倍も高い。理由は定かではないが、A型の人が持っていない抗A抗体がウイルスの細胞への侵入を邪魔するのではないかと考えられている。

喫煙に関しては、「喫煙者はコロナ感染から守られる」という説も最近あり、コロナはまだ分からないことのほうが多い。

志村さんは、たぶん至れり尽くせりの治療を受けたはずだろうけれど、それでも亡くなった。「これはかなりヤバいぞ」と、その死を聞いて日本中が怖くなったのではないだろうか。

コロナで亡くなると、特別な袋に入れられて火葬場へ直行する。家族とのお別れどころではなくて、お骨《こつ》しか戻ってこなくなる。

お骨だけが帰ってくるなんて、戦争へ行って戦死して遺骨が帰ってくるようなものだ。

もはや戦争状態だ、と思った人も多かったと思う。

人類VS感染症

ウイルスの種類がどのくらいあるかは、正確には誰にも分からない。判明しているのは二千数百種、未記載種はこの二〇〇倍ぐらいではないかと推定されている。ウイルスは細胞も代謝機能ももたず、他の生物の細胞に寄生しないと存続できない。通常、ウイルスは寄主特異性があり、動物のウイルスは人には伝染しない。しかし、突然変異を起こし、人類の個体群に新しく侵入してくることがある。このウイルスをエマージング・ウイルス(emerging virus)と呼ぶ。エマージング・ウイルスの多くは、酷い症状をひき起こすことが多い。エイズウイルス、エボラウイルスなどがその典型だ。

今度の新型コロナウイルスもエマージング・ウイルスだが、他のエマージング・ウイルスと違って致死率が高くないのが特徴である。

人間に感染するコロナウイルスは七種あり、そのうち四種は普通の風邪のウイルスでヒトコロナウイルスと呼ばれる。人類個体群にいつ入って来たかは分からない。長い時間をかけて人類と共存するうちにマイルドな感染症に進化したものだろう。

新型コロナウイルスを除く残りのエマージング・コロナウイルスは、ＳＡＲＳとＭＥＲＳで、前者の致死率は約一〇％、後者は約四〇％である。

逆説的に聞こえるかもしれないが、致死率九〇％といった強力かつ急性の感染症は、人類社会にとってはそれほど脅威ではない。酷い症状が出た人は、多くの場合、隔離されて、亡くなるか、幸運な場合はウイルスが消えて復帰する。だから、人類個体群全体に拡がる恐れは少ない。それに比べ、マイルドな感染症は、感染しても症状の軽い人が外を出歩いて他人にうつすので、個体群全体に拡がる確率が高くなる。初期のエイズがそうだった。感染した当初は症状が酷くないので、他人との性交渉で拡がった。

人間に感染して生き延びるのは、一般的に症状がマイルドなタイプのウイルスだけだ。

新規に人類にとりついたウイルスや細菌の多くは徐々にマイルドなタイプに進化する。例えばエイズ。よく効く薬ができたこともあるけれど、エイズウイルスは、擬人的な言い方をすれば、人類と共生しようとしたのだろう。感染した人間をどんどん殺すと自分も滅んでしまうので、なるべく人間を殺さないように進化してきた。

二〇〇二年に中国で流行ったＳＡＲＳも、二〇一二年に中東で流行ったＭＥＲＳも、今度の新型ウイルスも、オリジナル・ホスト（宿主）はコウモリだと考えられている。人類が奥地を開発して、本来あまり接触しないはずの野生動物が持つウイルスが、たまたま人類にうつるように突然変異して、接触した人にとり付いたのだろう、と思う。奥地が開発されて野生動物の個体数が減少し、絶滅危惧種になっていくと、これをホストとするウイルスも、存亡の危機に立たされるわけで、新しいホストを見つけなければ、自分たちも滅んでしまう。それでヒトに飛び移ったのかもしれない。首尾よく人類個体群をホストとすることができれば、人類が滅びない限り、ウイルスは安泰だ。

そこで重要なことは、マイルドな感染症になることだ。そうでないと人類をうまくホストにできないから。人類と共存している感染症の多くは、マイルドなものが多い。おそらく、最初は酷い病気であったものが、徐々にマイルドになって、人類社会から排除されないようになったということだろう。そういう意味では、今回出現した新型コロナウイルスは、最初から八割はマイルドで人類にとり付く能力を持っていたようなので、賢い（いや、悪賢い?）ウイルスと言える。

二〇〇三年に、ヒトゲノムの全塩基配列の解析が完了した。プロジェクトを始めてから、一三年の歳月と、日本円にして約三〇〇億円のお金がかかった。今では、一万円で、一時間でできる。遺伝子の解析がひじょうに簡単になった。このCOVID-19の新型ウイルスだって、世界中からウイルスを集めて、遺伝子解析をすれば即座に塩基配列が分かり、分岐図が描けるようになった。その結果、日本・中国・韓国のものと、ヨーロッパのものと、さらにアメリカのものは、それぞれ、どうも違う株《かぶ》のようだということが分かった。

驚くことに、病気が出現してから三か月か、四か月の間に分岐したのだ。突然変異率が高いのだろう。

このウイルスに対するワクチンもしばらくすれば開発されると思うけれど、厄介なのは、コロナウイルスはエイズ・ウイルスやノロ・ウイルスやインフルエンザ・ウイルスと同じ一本鎖ＲＮＡウイルスなので、突然変異率が高く、次々に新型が現れて、ワクチンの開発が追い付かなくなる可能性が高いことだ。天然痘のウイルスのようにＤＮＡウイルスの場合なら、変異する確率が低いので、ワクチンによるコントロールは容易だけれど、今回のウイルスは難しそうだ。新型コロナウイルスを撲滅することは不可能かもしれない。インフルエンザ・ウイルスと同じように、人類はこのウイルスとも共存していくしかない可能性が高い。もちろん未来のことは分からないので、ＳＡＲＳのように短期間で終息する可能性も全くないわけではない。そうなってほしいけれど、そんなに甘くなさそうだ。

抗体検査とPCR検査

今度の新型コロナウイルスは、最初に武漢から出たウイルスが世界に拡がっていく途中で、すごい速度で進化している。人間の一世代というのは、最低でも三〇年くらいで次の世代になるのに対して、このウイルスは、六時間で新たな細胞に感染していく。人間にとっての一〇〇〇年が、このウイルスにとっては一〇日ということだ。人間が進化するタイムスパンとこのウイルスが進化するタイムスパンはまるで違うということだ。

この新型コロナウイルスは、ほんとに数か月でどんどん分岐して、最新の分析によると大まかに分けると三タイプ、細かく分けると八タイプぐらいあるという。混在しているに違いないが、国や大陸によってタイプはかなり異なる。

タイプが違えば、性質が違う可能性がある。ヨーロッパやアメリカではアジアに比べ桁違いに死者が多い。欧米で流行したコロナウイルスは悪性度が高いものかもしれない。

例えば中国とイタリアを比べてみると、最初にイタリアに出稼ぎにきた中国人から感染したのだろうが、中国は一四億人もの人口なわけで、中国の言うことを信用すれば、中国で亡くなっているのが四七〇〇人ぐらい（二〇二〇年八月中旬現在）、イタリアは総人口六〇〇〇万人しかいないから、中国の二〇分の一以下で、なんで三万五〇〇〇人以上（八月中旬現在）も死んでいるのか。参考のために主要国の八月上旬現在の一〇〇万人当たりのおおよその死者数を記す。

- イギリス　六八〇人
- スペイン　六〇〇人
- イタリア　五八〇人
- アメリカ　四七〇人
- フランス　四六〇人
- ブラジル　四四〇人
- カナダ　二四〇人
- ドイツ　一一〇人
- ロシア　一〇〇人
- 日本　八人
- オーストラリア　八人
- 韓国　六人

・メキシコ　三七〇人
・中国　三人

もう一つの原因は、民族によって血液型も違うし、免疫のタイプも違うので、ウイルスに対する抵抗性が違うのかもしれない。八月中旬現在、ラオス、カンボジア、ブータン、モンゴル、台湾、ミャンマーの死者数はゼロか一桁である。

現在、新型コロナウイルスに感染したかどうかを調べる抗体検査が多くの国で行われており、日本でも抗体検査をする動きが強まっている。もちろん、精度の問題があって、抗体検査をしても偽陽性が出る場合もあるし、抗体ができていても再感染することもあるし、ウイルスが残っていることもあるが、普通は、抗体ができるということは、その人は治って免疫ができたということだから、多くの場合その人にはうつらないし、他の人にもうつさない。だから、抗体検査の精度が高ければ、抗体検査はしたほうがいいに決まっている。

ほんとうは、抗体検査だけではなくて、ＰＣＲ検査を同時にやるといい。ＰＣＲ（ポリメラーゼ連鎖反応：Polymerase Chain Reaction）検査で陽性というのは、「体の中にウイルスがいる」ということの証明になる。ＰＣＲ検査の他に抗原検査というのもあり、これは方法が違うけれども、やはり体内のウイルスの存否を調べる検査である。だから、ＰＣＲプラスあるいは抗原プラスの人は、外に出ると他の人にうつす可能性があるけれども、ＰＣＲマイナスで、抗原がプラスの人は、基本的に、他の人にもうつさないし自分もうつらない。そういう人は外に出てもだいたい大丈夫だ。

ただ、抗体検査も抗原検査もＰＣＲ検査も精度が一〇〇％ではなく、実はこれが大問題なのだ。精度には二つあって、感度と特異度と呼ばれる。それ以外にも事前確率といって、検査対象者の中にどのくらいの陽性者がいるかという予想値がある。厳密には事前確率は分からないが、ＰＣＲ検査の場合、肺炎患者を対象にした時は当然高くなり、一般の人を対象にした時は低くなる。感度は真の陽性者を調べた結果、陽性と判定される割合で、特異度は、真の陰性者を調べた結果、陰性と判定される割合である。事前確率は推定値なので感度も特異度も推定値である。ＰＣＲ検査では感度は七〇％、特異度は九九・九％と推定されている（私見では九九・九九％以上だと思う）。今、一般の日本人を対象にした場合、事前確率が一％だとして、一万人検査すれば偽陰性（本当は陽性なのに陰性と判定される人）の人は三〇人、偽陽性（本当は陰性なのに陽性と判定される人）は一〇人となる。東京都民の大半一〇〇〇万人を対象とすると、三万人が偽陰性、一万人が偽陽性となる。

三万人の偽陰性の人は他人にうつすことはないと信じて行動し、一万人の偽陽性の人は、

COVID-19が指定感染症である限り、強制的に隔離されたり、入院させられたりして、医療崩壊の原因になりかねないとして、むやみにＰＣＲ検査や抗原検査をしないほうがよいと主張する人がいる。しかし、ＰＣＲ検査が感染症を増やすことはありえないわけで、希望者にはＰＣＲ検査を行ったほうがよいことはもちろんである。擬陽性の人を強制的に隔離するのは人権侵害だという意見もあるが、ＰＣＲ検査を行わない言い訳のためにする議論である。拙速に指定感染症にしてしまったので、そういう議論になったので実際には陽性の人の大半は自宅待機で入院させてもらえないのだから、指定感染症すなわち隔離というザル法を盾にそういう議論をするのはペテンである。

　もちろん、感度、特異度とも一〇〇％であれば、何の問題もないのだが、技術的な問題もあって、少なくとも感度を一〇〇％にすることは不可能だ。

　ただ、特異度はかなり一〇〇％に近づいているので擬陽性の人はごくわずかでほとんど問題にならない。中には九九・九九九％でも一〇〇％にならない限り、ＰＣＲ検査はよくないと主張するリスクゼロ症候群に罹っている人もいるが、もし特異度九九・九九九九％ならば、事前確率一％として一〇〇万人検査をして擬陽性になる人は一〇人である。ほぼゼロとみなしてさしつかえないから、ＰＣＲ検査をやらない理由にならない。

抗体検査はウイルスの有無を調べるわけではないので、多少ニュアンスが異なる。かなり大掛かりな抗体検査をやると、どのぐらいの人が抗体をもっているかが分かる。そうなると、かかった人がどのぐらいいるかが分かるので、対策が立てやすくなる。

例えば、どこかの都市で、一万人くらいの人の抗体検査をする。抗体検査というのは、血液をちょっと採るだけの簡単な検査で、あまり侵襲もないし痛くもない。自分でもできるから、それをやってみて、そのうちの五〇%以上の人に抗体があるということになったら、そろそろ大丈夫だということだし、まだ五%にしか抗体がないということだと、未感染の人がいっぱいいるということだから、これからさらに爆発的な感染が起こり得る。あるいは、不顕性《ふけんせい》で、症状が全然出ない人がいっぱいいるので、症状が全くなくて、抗体検査陽性で、ＰＣＲ検査陰性の人は、知らないうちに感染して、知らないうちに治ったということも分かる。

抗体検査を日本全国でやるのは大変だけれども、ある限定的な範囲でやってみて、それを平均的な傾向だとして日本全国にあてはめていくと、今後の戦略が立てやすくなる。

中国や韓国の例を見ると、あれだけパンデミックとなっていても、もう中国あたりはかなり収まってきているし、韓国もなんとなく収まった。このウイルスは太陽光と高温・多湿に弱いので、日本もしばらく続いたとしても、少なくとも六月か七月ぐらいにはだいぶ収まっていると思っていたが、政府の経済優先の「Ｇｏ Ｔｏトラベルキャンペーン」の結果、七月下旬になって感染者数は急増して第二波の様相を呈している。欧米に比べ日本の死者は少ないので、対策がうまかったと自画自賛する人もいるが、東アジア諸国の中では、死者数は中国に次いで二位、人口一〇〇万人当たりの死者数は八月上旬現在、日本八・〇人、韓国五・九人、中国三・三人、台湾〇・三人で日本が一番悪い。私見では、中国で流行していた時に、あろうことか、中国からの観光客を歓迎するといった愚策をとったこと、三月二日時点では何の意味もなかった小中高の一斉休校を要請し、保護者に大迷惑をかけるとともに、経済に打撃を与えたこと、いつまで経っても全家庭に届かないマスク配布に膨大な税金を使ったこと等々、まともなことはほとんどしなかったからだと思う。行った政策に関し、すべての情報を公開し、次に来るであろう第三波・第四波や一〇年後に来るであろう新たなパンデミックに備えなければ、再び愚策を繰り返すに違いない。

　アメリカは、州によって対策に違いがあり、収まりつつある州もある反面、悲惨な州もある。さらに、南米やアフリカなどがこれからどうなっていくかによって、事態は変わってくる。アフリカの南部とか、オーストラリアとか南米などの、南半球は夏・冬が北半球と反対なので流行がずれるからだ。あれやこれやを考えると、外国から人がたくさんやってくるオリンピックは当分無理、インバウンド頼りの観光業の前途は暗い。

謎だらけの新型コロナウイルス

同じコロナウイルスでも致死率が約一〇%のＳＡＲＳや約四〇%のＭＥＲＳに比べて、致死率がずっと低い今回の新型コロナウイルス感染症（COVID-19）による死者がなぜこんなに多いのか、不思議に思われる方がいるかもしれない。

多くの感染症では、死者は乳幼児と高齢者に偏り、若い頑強な人の死亡率は低いのが普通だ。ところが、今回のCOVID-19は、乳幼児の死亡率は低く、年齢に比例してどんどん致死率が高くなる。中国のデータによると、一〇歳未満の死亡例は極めて少なく、一〇歳から三九歳までは致死率は〇・二%、四〇歳代〇・四%、五〇歳代一・三%、六〇歳代三・六%、七〇歳代八%、八〇歳超一四・八%となっており、高齢者の致死率は極めて高い。高齢者は糖尿病やそのほかの基礎疾患を持っている人が多いということも一因だろうが、本当の理由はよく分からない。

ＢＣＧの接種との関連を指摘する学者もいる。日本は結核予防のためにＢＣＧワクチンを一歳までに打っている。その結果、免疫状態が、後天的に変化して新型コロナウイルスに対して抵抗力を獲得して、死亡率が減るのではないかという説だ。日本で、ＢＣＧの乳児への接種が義務付けられたのは一九五一年なので、それ以前に生まれた人の中には未接種の方も多い。ただし、それが高齢者の高死亡率の一因とまでは言えないだろう。ＢＣＧを接種すると白血球の一種である単球の性質が変わり、サイトカイン（免疫に関係する低分子タンパク質）の分泌が盛んになるという研究もある。COVID-19の死者数を見ると、確かにＢＣＧワクチンを投与していないアメリカやイタリアの死者数は多く、途中まで接種していたが今はやめてしまった国（スペイン、イギリス、フランスなど）の死者数も相当多い。

これらの国では、それぞれ一万人をはるかに超える死者数を出しているが、ＢＣＧ接種を義務付けている、日本や韓国の死者数ははるかに少ない。メカニズムの詳細は不明だが、疫学的には何らかの因果関係があると考えたほうがよいのかもしれない。オランダやオーストラリアでは、医療従事者の重症化予防のために、ＢＣＧ接種の臨床研究を始めたという。もっとも、ＢＣＧ接種をしていないイタリアでも〇歳から三〇歳くらいまでの若者はほとんど死んでいない。若者の低死亡率はＢＣＧ接種の有無とは無関係なのだ。

この病気が厄介なのは、罹患しても症状が軽いか、ほとんど現れない不顕性の人が多い反面、重症化してあっという間に亡くなる人も相当数に上ることだ。致死率が約四〇％にも上るＭＥＲＳは、確かに罹患すれば死の恐怖に直面するが、感染は主として重症者からしか起こらないので、制圧することはむしろ容易なのだ。今回の病気が厄介なのは、不顕性の人や軽症者が自分ではこの病気とは思わずに、ウイルスをまき散らし、その結果罹患した人が、重症化して死に至ることがある点だ。感染すると症状が出る二日前から症状が出始める頃が一番感染力が強いというのも不気味である。

ただし、同じくらいの年齢の高齢者でも、不顕性の人やごく軽いまま治ってしまう人もいる。いったいこの違いは何に起因するのだろう。ＳＡＲＳでは免疫に関する細胞表面のタンパク質であるＨＬＡの特殊なタイプHLA-B46を持っている人が重症化しやすいと言われているし、今回のCOVID-19でも武漢のデータを見る限り、Ａ型の人はＯ型の人に比べ感染したり、死亡したりするリスクがかなり高いようだ。持病を抱えている事とは別に、重症化しやすい人と、軽く済む人では、免疫やその他の遺伝的なタイプが違うのだろうか。重症化して亡くなる人の相当数は免疫系が過剰に反応して自身の細胞を攻撃するサイトカイン・ストームが原因だと考えられている。これもなりやすい人となり難い人では遺伝子やエピジェネティックな違いがあるのだろう。ＢＣＧ接種説が本当だとすると、エピジェネティックな免疫状態の変化が関係するのかもしれない。

遺伝子タイプやエピジェネティックな経験の違いによって発症リスクや死亡リスクが違うことが分かれば、遺伝子検査やその他の血液検査によってリスクの多寡を推測することが可能になる。病気をコントロールするために、これは大きな前進になる。

次に気になるのは治療薬とワクチンの開発であろう。

コロナウイルスには新型コロナ、ＭＥＲＳ、ＳＡＲＳの他に、普通の風邪を引き起こすウイルスが四種あり、この風邪にかかった人は、新型コロナにかかり難くなるのではないかとの説もある。二〇世紀のはじめに流行したスペイン風邪（インフルエンザの一種）で高齢者の死亡率が多少低かったのは、過去に流行した別のインフルエンザの抗体を持っていたからではないかと言われている。

治療薬はアビガンとレムデシビルが有力候補として挙がっているが、本来、前者はインフルエンザ、後者はエボラ出血熱の薬として開発されたものだ。ある程度の効果はあるようだが、特効薬というにはほど遠い。他に、糞線虫や疥癬の治療薬として開発されたイベルメクチンが有効という話もあるが、疑問視する向きもある。サイトカインストームを防ぐためのリウマチ薬として使われている抗炎症剤のアクテムラが有効との臨床結果もある。

慢性白血病の治療薬として知られるアカラブルチニブが効くという話もある。サイトカインストームを抑えることができれば、死亡率をかなり減らせる。ＰＣＲ陰性になった後でも重篤な後遺症が残ることが報告されており、これは血栓ができることも関係していて、血栓ができそうな場合は早い段階で血栓予防の治療を行うと予後が良いようだ。いずれにせよ、決定的な特効薬の開発まではまだ時間がかかるだろう。そうなると、ワクチンの開発に期待がかかる。

米・中をはじめ、日・英なども一番乗りをめざして開発を加速しており、来年には実用化されるかもしれない。ただ、有効なワクチンができても、すでに述べたように、ウイルスは変貌するので、ひとつのワクチンですべてのCOVID-19のウイルスを抑えるわけにはいかないと思う。次々と新しいワクチンを作る必要がある。しかし、少しタイプの違うウイルスに対してもワクチンは多少は有効なことが多いので、重症化は抑えられるかもしれない。ワクチンが開発されてCOVID-19を抑え込めれば、世界はしばらくは平和になりそうだが、多くの人は喉元過ぎれば熱さを忘れてしまうので、一〇年後にはまた同じようなパニックが起きないことを願うばかりだ。私は生きていないかもしれないけれどね。

第七章　未来をつくる問題解決策

培養肉の技術は完成している

食料生産を環境問題から見ると二つの側面がある。
ひとつは世界人口に見合った食料を生産できるかどうかという問題。野生動物は基本的に食料が増加すれば個体数が増加して、食料が減れば個体数も減る。人類も動物である以上、基本的にはこの図式に従うが、野生動物と違って、自らの努力で食料生産が可能である。グローバル・キャピタリズムは自らの生き残りのために人口を増やす政策に力を入れ、増加した人口を養うために食料増産にも力を入れるが、地球の生産力の上限は生態学的に決まっているので、技術的にどこまで人間の食料に回せるかは大きな問題だ。

もうひとつは、生態系の生産力を人間の食料増産のために利用すると、その分、野生動物の食料が減るという問題がある。原生林や原野に棲息する動物を獲って食べるのは自然保護に反するが、牧場で飼っている動物を食べるのは自然保護に反しないという議論があるが、これは倒錯であって、牧場も田畑も元はと言えば野生動物が棲息していた生態系を改変して造成した人工生態系で、その結果多くの野生動物が滅亡したのだ。人類が食料増産に力を入れれば入れるほど、野生動物のすみかは少なくなってしまう。

そこで生態系に依存せずに食料を作れないかという話になる。

牛や鶏の肉も、今は人工的に作れるようになった。二〇一三年に、オランダで世界初の培養肉ビーフバーガーが作られた。細胞培養で増やすだけだから、牛を飼わないですむ、つまり殺さなくても本物の肉が手に入れられるようになったのだ。動物愛護の人たちがすごく推奨している。筋肉細胞を作り出す体性幹細胞を取り出し、それを培養してやれば肉ができる。

ただ、今のところコストが莫大にかかる。オランダで開発され、二〇一三年の試食会に供された大よそ一〇〇グラムのハンバーグの価格は三五〇〇万円だった。全く実用的ではない。今は一〇〇グラム二〇〇〇円ぐらいに下がったらしい。三〇〇〇円ぐらいに下がれば、普通の人でも買う。美味《うま》ければね。技術革新を進めて、工場で肉を作ることができるようになると、牧場がいらなくなる。牧場をなくして、そこを自然に返してやればいい。ヨーロッパやオーストラリアなどでは、生産性の高い土地の多くは牧場や畑になった。もともとは草原だったり疎林だったりしたのだ。そこを開発して牧草地や畑にした。するとどうなるか。もともとそこに棲息していた動物も多くは滅んだ。新しい環境に適した種類しか生き残らなかった。本来の生態系に戻れば、野生動植物が戻ってくる。食べ物の問題が解決し、さらに生物多様性を守るという環境問題の中心課題も解決する。

そうなると畜産業も、変わっていかざるをえないと思う。テクノロジーが発展し、一〇年か二〇年も経つと、家畜を飼育して食肉を作るよりも培養肉のほうが主流になっていくと思われる。牛乳を採るための乳牛の飼育は残るだろうけれど、食肉の畜産業は衰退していくだろう。これはいいことか悪いことか、それで生活している人にとって悪いことだろうけれど、培養肉のほうが安くて美味くなれば、転業せざるをえなくなる。動物愛護団体も喜ぶ。牛の頭数が段違いに減るから、もし本当に牛のゲップのメタンで地球が温暖化するとしたら、そのあたりも少しは防げるかもしれない。

家畜の中で今一番数が多いのは鶏だと思う。牛、羊、山羊、豚の順である（FAOの二〇一四年版のデータによる）。食肉を工業的に生産できるようになれば、今よりも多品種が食べられるようになるに違いない。

もしかしたら人肉も食べられるようになるかもしれない。人間の筋肉の幹細胞をもらって、それを培養して肉のかたまりを作ればよい。カニバリズムは人類史上最大のタブーになっているけれども、人を殺すわけではないので、許容する人もいるだろう。すると、自分の肉を自分で食べられるようになる。自分の筋肉の中には、自分にとって必要なものが過不足なくあるから「最強のアンチエイジング」なんて言い出す人も、もしかしたら出てくるかもしれない。

さらに、昔は食べられたけれど今食べられなくなったいろいろな動物の肉がある。シロナガスクジラの肉だって人工的に作れば殺さずに食べられるようになるだろう。

「狩猟鳥」と言って、日本には獲っていい野鳥が二八種類ある。マガモ、カルガモ、キジ、コジュケイ、キジバト、スズメなど。カラスも入っている。長野県の上田辺りでは昔はカラスをつかまえて食べていた人がいた。カラスが美味いっていう人とまずいっていう人がいるけれど、私見ではまずいと思う。あんな腐肉食の鳥が美味いわけがない。美味いのは穀物とか昆虫などを食べている鳥だ。

動物だってそうだ。肉食獣の肉はまずいと思う。ライオンやトラの肉なんて絶対まずいと思う。草食獣の肉のほうが美味い。

私の家の庭にキジバトが来るけれど、キジバトは狩猟鳥だから、狩猟免許があれば、猟場で獲っていいのだけれど、夫婦でやってきて仲睦まじくしているのを見ると獲る気になれない。庭の山茱萸《さんしゅゆ》の木にキジバトが巣を作ったこともある。

ハトはベトナムに行った時によく食べて、美味いのは知っているのだけれど、このハトは養殖しているのだろうか。野鳥で一番美味いのはコジュケイだと言われているが食べたことはない。

培養肉が一般的になるとコジュケイをはじめ、食べられる野鳥の肉が一挙に増えるだろう。魚だってそうだ。例えば高価なノドグロの肉でも工業的に生産できるようになれば、安くなってみんなが食べられるようになる。

今は生きたものを飼って、それを殺して食べているわけだから、飼育が大変な動物の肉は市場に出ない。一番飼いやすいのが鶏で、次は豚と牛。そんなものばかりだから多様性がない。培養肉の技術が進歩すれば、食べ物の文化が激変する可能性がある。

さすがに野菜は、地面を利用したほうが安くて早く作れると思う。水耕栽培というのもあって、屋内で野菜を作っている人もいるけれど、それには光が必要でエネルギーがいるから、ちょっともったいない。今は、自然光を使って地面で作るほうが安上がりだと思う。

人工光合成ができれば何が起きるか

人口が増えれば食べ物の増産がどうしても必要になる。食物が工業的に作れるようになれば、世の中が劇的に変わってくる。一番大きな問題は人工光合成ができるかどうかだ。

人工光合成ができるようになれば、培養肉の比ではない。炭水化物が人工的に作れるということだから、大きな湖のそばにでっかい工場を建てて、太陽光を集めて、そこに炭酸ガスと水を注入する。すると、炭水化物ができてくる。人類の生存に必要な炭水化物をそうやって作れば畑がいらなくなる。畑がなくなると何が起きるか。人間が生活している土地以外は、全部野生に返すことができる。それは野生生物にとってもパラダイスになることを意味する。もっとも今のところ、主としてエタノールを作って燃料として利用するところまでしか到達していないようだし、コストの問題もあって、そう簡単ではないようだけれども。

人工光合成の完成を目指して、政府主導の機関や、パナソニック、東芝、トヨタグループなどの民間企業が、しのぎを削って開発競争を進めている。人工光合成のコストが石油を掘ったり作物を作ったりするコストに拮抗すれば、未来は全く違ったものになるだろう。

気候変動に合わせて栽培作物を変える

温暖化すると作物が作れなくなると心配している人がいるが、温暖化するにせよ、寒冷化するにせよ、気候変動をコントロールすることは人間にはできないのだから、気候が変動したならばそれに合わせて栽培する作物を変えていくというほうが賢い。温暖化したらリンゴ栽培をやめて、ミカンにするとか、ミカンを作っているところはマンゴーにするとか栽培作物を転換するほうが賢い。そのためにお金を使ったほうが、気候変動を止めるとか、CO_2を減らすとかいったほとんど不可能なことにお金を使うよりも有効である。気候変動に人間のほうが適応すればいい。

　このところ、太陽の黒点が消えているので、地球はこれから寒冷化すると思うが、寒冷化すると、地球規模では作物の収量が減少するから、それまでに、さっき言った人工光合成とか人工肉とかの技術が確立していないと、食料不足になる。気候と関係なく人工的に食料を生産できるシステムがあれば、それを利用して不足の食料を作ることができる。そうしないと、一部富裕層だけが生き延びて、貧しい人は軒並み死んでしまうという、悲惨な未来が待っている。

サバにマグロの卵を産ませる研究

　培養肉の技術が発達すれば、高級食肉が安くなるという話をしたが、そこまでいかなくとも、高級食材を安く供給する技術革新が進んでいる。

前に他の本でちょっと紹介したこともあるけれど、サバにマグロの卵を産ませるという研究が進んでいる。今の東京海洋大学（東京商船大学と合併する前は東京水産大学）の、吉崎悟朗先生の研究だ。クロマグロの乱獲がたたって個体数が激減し、このまま獲り続ければ絶滅の恐れがある。それで自然界から幼魚を獲らないで、養殖できればクロマグロを獲らなくてすむ。

卵巣や精巣が形成される前の胚の後部に始原生殖細胞と呼ばれる細胞があって、それが精巣や卵巣になるところまで動いていって、しかるべきところに収まり、精子や卵子になるわけだ。ごく若いサバの体にマグロの始原生殖細胞を入れてやると、体内を泳いで行って、サバの卵巣に入る。そこで成熟して卵になったものはマグロの卵である。このサバが産んだ卵が実はマグロの卵だということになる。サバは一年で成熟し三〇〇グラムぐらいの大きさで卵を産むけれど、一番高級なクロマグロは成熟するのに五年、八〇キログラムぐらいにならないと卵を産まない。クロマグロを養殖して卵を産むまで育てるのは大変手間暇がかかる。それにひきかえ、サバを養殖するのは簡単だ。この技術が実用化すれば、クロマグロを安く食べられるようになるだろう。

マグロといえば、「近大マグロ」というものがある。近畿大学が作っている。クロマグロの継代培養による完全養殖なので、ひじょうに手間がかかる。近大マグロはおいしいけれど値段も高い。サバを代理親として使えればもっと安くできるだろう。

天然の魚だけに頼っていると、そのうち資源が枯渇する恐れがある。

ニシンは、昔は大量に獲れたけれど今はあまり獲れなくなった。サンマだって獲れる時と獲れない時があって、私が結婚した半世紀前はサンマが高かった。当時、一番安かったのはサバ。三〇センチ以上もある、大きなマサバが一〇〇円だった。それでシメサバを作ってよく食べた。今、シメサバにできるような新鮮なサバは東京ではなかなか売っていない。サバも最近では養殖ものが増えてきた。

資源が枯渇して価格が高騰しているのはウナギである。通常ウナギはシラス（ウナギの稚魚）を獲ってきて、これを養殖するが、近年シラスの不漁が続き、ウナギの価格が高騰している。親ウナギに卵を産ませることはできるのだが、これがシラスにまで育たない。自然界で食べている餌が分からなかったのだ。サメの卵を与えると育つことが分かったが、サメの卵そのものが希少で、大量飼育には向かない。最近、マリンスノーを食べていることが判明した。そのうちマリンスノーの中の有効成分が抽出され、人工的に作ることができるようになれば完全養殖で大量生産が可能になるだろう。

高級魚として知られるトラフグも養殖が可能になった。トラフグの卵巣や肝臓や腸にはテトロドトキシンという猛毒が含まれるが、この毒は元来トラフグ自身が作り出すものではなく、餌に含まれているので、内陸のプールで無毒の餌を与えて養殖すれば無毒のトラフグを作ることができる。少し前に佐賀県が陸上で養殖したフグは無毒であるとして「フグ肝特区」の申請をしたが、厚生労働省は難癖をつけて認可しなかった。無毒のフグが市場に出回ると、フグの調理師の免許を持っている人の商売があがったりになるので、その筋からの政治的圧力がかかったのだろう。佐賀県が申請した無毒のトラフグを食べて死ぬ確率は、調理師が調理した有毒のトラフグを食べて死ぬ確率よりも低いと思う。なんといっても無毒なんだから。かつて八代目坂東《ばんどう》三津五郎《みつごろう》は調理師が調理したトラフグを食べて急逝した。

江戸は当時世界最大の人口を擁するリサイクル都市だった

第四章でゴミ問題について論じたが、大都市の大きなゴミ問題は糞尿処理である。一八世紀の江戸は一一〇万人の人口を擁する世界最大の都市だった。

江戸という町が何であんなに栄えたかと言うと、江戸のまわりは、大きな農業地帯だったからだ。江戸の人々が出した糞尿を、農場地帯に持っていって撒いて農作物を育て、そこから、人々が出した有機物のゴミ（野菜クズとか魚の内臓とか）は近くの川や堀や空き地に捨てられ、これらの富栄養分が東京湾に流れ込む。そのおかげで、江戸前の魚がいっぱい獲れた。大きな意味でリサイクルの仕組みができていた。江戸というのはすごくエコな町だった。

今みたいに人工肥料があるわけではない。一番の肥料は人間の糞尿。それを一生懸命溜めて肥料にした。私が子どもの頃でも、自宅の近くには肥溜めというのがあった。農家の人がトイレの汲み取りにきて、お礼として野菜なんかを置いていったのを覚えている。

江戸時代では代価を払わないと糞尿を売ってもらえなかった。江戸の長屋は共同トイレだった。そこのトイレの糞尿の所有者というか、代価をふところにできるのは、大家さん。長屋の店子が出した糞尿でも、所有権は大家さんにあったということだ。一番高い糞尿はなにかというと江戸城の大奥から出たものだった。それを汲めるのは、葛飾村（現・江戸川区）の人で苗字帯刀を許されていたという。どこから出た糞尿かによって値段に差があって、糞尿の取引をする専門の問屋や小売商もいて、商業的にもうまく回っていた。糞尿はそれほど貴重な資源だった。

今はもったいないことをしている。ひじょうに貴重な資源なのに金をかけて捨てている。まとめて溜めて、生ゴミなどとともに堆肥化すれば、立派な肥料になる。上手に堆肥化させれば、堆肥化の過程で七〇℃以上になるので大概の細菌や病虫卵は死んでしまう。

江戸には神田上水（井の頭池が取水元）、玉川上水（多摩川の羽村が取水元）の二大上水をはじめとして、盛時には六つの上水道があった。この上水道は世界最大の人口を養うとともに、伝染病の予防にも役立った。もちろん何度か大きな疫病の流行はあったけれど、全体としては安定していた。

当時のロンドンなんかひどいものだった。ヨーロッパは下水がなかったし、糞尿を農業に利用しようという発想そのものがなかった。トイレはどうしていたかと言うと普通は「おまる」にしていた。おまるの糞尿をそのまま道路に捨てていた。だから道の端っこを歩いていると、いつ上から糞尿が落ちてくるか分からない。恐ろしいところだった。

ロンドンに上水道ができたのは一九世紀の初頭だが、下水道ができたのは、一九世紀半ば。それまでは水洗便所から流れ出た糞尿はテムズ川に流れ込んで、テムズ川は悪臭を放っていた。下水道ができたおかげであっという間に伝染病がなくなった。

日本は、今では上下水道が発達している。ことに大きな都市は本格的な下水管が通っているので、下水による伝染病というのは、まずありえない。さっきも言ったように、昔、下水がなかった時代には糞尿を肥料にしていたので、それによる伝染病の流行はある程度抑えられていた。一方、上水道は、かなり早くから発達していた。私が結婚するまで住んでいた東京都足立区の実家でも、もちろん水道はあったけれど、汲み取り式のトイレは、小学校の終わりぐらいまで続いていた。

油を生成する藻「オーランチオキトリウム」

前節では、糞尿を肥料にする話をしたが、これを原料にエネルギーを生産するという話もあった。

オーランチオキトリウムという藻類の一種が、エネルギー産出という点で、今後期待が持てそうなのである。オーランチオキトリウムは、藻類とはいうけれど、厳密にはカビに近い。光合成をしない。光合成ではなくて、有機物を分解して生存している分解者である。

筑波大学の渡邉《わたなべ》信《まこと》教授（現在、特命教授）たちが、沖縄のマングローブの林でオイルを生成する株を見つけた。

この株は高い効率で炭化水素（石油に似た油）を産生し、細胞内に溜め込む。その油を回収して処理するための費用（生産コスト）が一リットルあたり八〇〇円かかるが、技術革新により八〇円程度で生産できると期待されていた。実際には、その培養コスト削減の目標を達成できなくて、筑波大学では、いまのところ、研究を断念したようだ。

しかし、希望がないわけではない。ここで、さっき話題にした下水が登場する。

このオーランチオキトリウムの培養に糞尿が使えそうだ、と期待されている。糞尿にはエネルギーがいっぱい入っているのだから、糞尿を分解してオイルを作る。オイルを作る目的だけなら赤字だが、下水を集めて、それでオーランチオキトリウムを培養する。通常の下水処理にかかるコストとオーランチオキトリウムで下水を処理するコストを比較して、どちらが安上がりかを計算する。もし後者のほうが安上がりで、副産物としてオイルが生産できるなら一石二鳥である。実用化するには、まだまだ課題が多いということだが、原理的には期待が持てる。

ある程度税金を注ぎ込んで、たくさんの人が研究すれば、画期的な方法を考える人も出てくるし、あっというようなブレークスルーが登場するかもしれない。オーランチオキトリウムと、次に述べるボトリオコッカスで、画期的な技術が開発されれば、日本のエネルギー自給率は相当上がるだろう。

「ボトリオコッカス」は石油に代われるか

光合成をする独立栄養生物の中にもオイルを生成するものがある。有名なのは、ボトリオコッカスという緑藻である。細胞の中で油脂を生成する藻類である。通常は淡水に生息して、光合成により炭化水素オイルを生産し細胞外に分泌する。

これを大きな池の中で培養してどんどん増やして、そこから燃料用のオイルを精製できるとなったら、それは本当に、カーボン・フリーのエネルギー源になる。日本でも研究は進んでいて、元・神戸大学教授の榎本《えのもと》平《たいら》氏（現・株式会社ＧＧＴ代表）が推進している。さっきの渡邉信先生たちのグループも、研究の対象をこっちにシフトしているようだ。

ただ、一リットルのオイルを作るのに、最低でも五〇〇〇円ぐらいかかる。いま普通のガソリンは一五〇円ぐらいだから、それだとペイしない。そこがネックになっている。もし、ひじょうに安く作れるようになったら、石油が要らなくなるということだ。これはもうエネルギー革命が起きる。池の中で藻類を増やして、半分取り入れして油を取れば、光合成によって、残りの藻類がまた増えることになる。光合成というのは、水中や空気中のCO_2を固定しているわけだから、それを燃やしても空気中に戻るだけで、石油を燃やしているわけではないから、全くカーボン・フリーであるわけだ。

ただ、このボトリオコッカスの培養で問題になることの一つは、野外の池でその種類だけを培養することが難しいことである。他の藻類も、同じ培養池にはびこってしまうので、どうしても効率が悪くなる。

なんとかして、ボトリオコッカスだけを培養したい。

考え得る方法はいくつかある。ひじょうにシビアな環境、例えば塩分濃度が極めて高い環境に耐性を持つボトリオコッカスを開発して、他の藻類が繁殖できない池で培養する。あるいは、除藻剤耐性のあるボトリオコッカスを開発して他の藻類を除藻剤で殺してボトリオコッカスだけ培養できるようにする。

それ以外にも、研究者は日々、効率の良い方法の開発に取り組んでいるが、コストを極端に下げるまでには至っていないようである。

グローバリズムからローカリズムへ

本書でこれまで論じてきたことは、環境問題のほとんどはグローバル・キャピタリズムの副産物だということだ。人口が右肩上がりで、エネルギー供給力も右肩上がりを前提条件とするグローバル・キャピタリズムは、キャリング・キャパシティ（環境収容力）が有限な世界では、いずれ破綻せざるをえない。すでに論じたように、ＡＩが発達して労働はすべてＡＩに任せるといった社会がいずれ来れば、今のようなグローバル・キャピタリズムはキャリング・キャパシティの上限に突き当たって破綻する前にデッドロックに直面するだろうが、それまでの過渡期には死に物狂いになって延命を図るだろう。

　食べ物から何から何まで、お金で買わなければ、入手できないようなシステムを構築することが、差し当たってのグローバル・キャピタリズムの目標である。なるべく安い賃金で労働者を使って製品を作り、利潤を上乗せして消費者に売る。労働者はイコール消費者であるから、たくさんの人々が自給自足を始めると、キャピタリズムは成り立たなくなる。あるいは、人々が自分で生産したものと他人が生産したものを、物々交換すれば、間に介在してマージンを取ることができなくなるため、やはり、キャピタリズムは破綻する。

　そう考えると、ＡＩがすべて生産して労働者はいらなくなるという社会が来るまでは、最低賃金を上げることも大事だろうが、キャピタリズムに一番打撃を与えるのは、さまざまな製品を物々交換できるようなシステムを構築することである。

　もちろん、高度な技術がなければ生産できないようなものは、お金で買う他はないが、生きるのに絶対必要なもの、食料と水は立地条件さえよければ、金を払って買わなくとも何とかなる。

そのためにはどうするか。物々交換する人同士が、あまりにも遠いところに住んでいると、物の輸送にエネルギーがかかり、環境に負担がかかる。グローバル・キャピタリズムは生産する場所を世界規模に拡散し、その場所その場所でもっとも安く作れるものを大量に作って（単一作物か単一製品の大量生産）、世界中どこでも、高く売れるところに運んだ。そのためには生産地の環境の均一化と大量のエネルギーを必要とし、これが環境問題を引き起こした。

環境に負荷をかけない物々交換は、ある限定的な地域で、そこに住む人々が自分の最も得意なものを作って、その地域内で交換することだ。例えば、農作物を作るとして、ある人は稲作が上手で、ある人は野菜づくりがうまく、別のある人は養鶏が得意だとして、作ったものをお互いに交換すれば、お金がなくても暮らしていけるという算段だ。

現在の日本は首都圏への人口集中と、地方の過疎化が進み、田舎では限界集落が増えている。限界集落とは過疎化が進み、人口の半分以上が六五歳以上の集落のことだ。なぜ過疎化が進むのか。それは田舎では現金収入がないからである。生活必需品をすべてお金で買わなければと思い込んでいる現代人は、収入がなければ生きていけないと、かたくなに考えている。しかし、先に述べたように、自分で作物を作ったり、近所の人たちと交換したりすれば、金で買わなくとも、食べ物は手に入る。

限界集落、あるいはそれに近い集落では空き家がたくさんある。耕作に適した土地もそこそこある。今ならタダ同然で手に入る。そういったところに若者が移り住んで、あまり大きくないお互いに顔が見えるコミュニティを作って暮らす。水道も、良い水源があれば、自分たちで上水道を作って水を供給できる。電気は来ているところが多いだろうから、今のところ問題は少ない。

現在、多くの過疎地でお上の主導で行っている所謂「村おこし」がダメなのは、付加価値のある特産物を作って売り出そうとか、観光の目玉となるものを見つけたり、作ったりして、観光客を呼ぼうとか、現金収入をいかにして増やすかということばかりに腐心しているからだ。これでは結局、資本主義の奴隷になるだけで、特産品が売れなくなったり、今回のコロナ騒ぎのように、観光客が来なくなったりすると、途端に破綻する。

現金収入がなければ暮らせないという呪縛に支配されたシステムは、グローバル・キャピタリズムの末端に連ならざるをえず、豊作になれば買い叩かれて、豊作貧乏になり、観光客が大勢くれば、大手の資本が造ったホテルに客を取られて、民宿は潰れ、金がなくて暮らしていけない人々は都会に出て、安い労賃で働く以外の選択肢がなくなる。

エコロジカルで優雅な生活を送ろうと思えば、現在の市場システムの前提を見直す必要がある。しかし、知らない人同士が物々交換をするのはなかなか難しい。鶏とキュウリを交換するとして、鶏一羽とキュウリ何本が等価なのかということは、簡単には分からないからだ。市場価格を調べて鶏一羽は二〇〇〇円で、キュウリ一本は五〇円だということが分かれば、鶏一羽とキュウリ四〇本で適正な交換ができるということになるが、四〇本もキュウリはいらないという人は、鶏を二〇〇〇円で売って、キュウリを四本二〇〇円で買ったほうが面倒くさくなくていいと考えるだろう。

本来、貨幣というものはそういった便宜のために考え付いたものだったはずだから、そういうふうになるのはある意味で必然なのだ。物々交換をする媒介物として貨幣があったほうが便利なことは確かである。しかし、そうなると、結局のところ、生産物を売って金に換えて、その金で必要なものを買うということになるか、労働をして労賃を貰い、その金で必要なものを買わざるをえなくなる。買取価格と販売価格の差は仲買人の儲けになり、仲買人は株式会社になり、多国籍企業になり、遂にはグローバル・キャピタリズムに行きついたというわけである。だから、貨幣を物々交換の媒介物として使っているうちはグローバル・キャピタリズムからは逃れられないのだ。さてどうするか。

今から一万年以上前、人類が狩猟採集生活をしていた時のことを考えてみよう。人類はバンドという集団で暮らし、構成人数は五〇人から一〇〇人程度。冷蔵庫といった悪魔の道具はないから、採った魚や獣は、その日のうちに食べなければ腐ってしまう。火や道具は使えたので、煮たり焼いたりしてみんなで分け合って食べたのだろう。狩りの上手い人や、魚捕りの名人は、尊敬されただろうが、私的所有という観念は恐らくなかったであろうから、獲物は獲った人の所有物ではなかった。

イギリスの人類学者ロビン・ダンバーは、お互いに相手と密接な関係を築ける集団の構成員の上限は一五〇人程度だという仮説を提唱した。これをダンバー数という。ダンバー数を超えない集団では、各自が個性を発揮して自由にふるまっても、集団のまとまりは保たれ、自律性と柔軟性が出現するという。ダンバー数以下の集団では、集団の構成員を縛る明示的なルールはなくとも、何となくうまくいくらしい。バンドはまさにダンバー数以下の集団であった。

恐らくそれは対面でコミュニケーションする時のミラーニューロンの働きによるものだ

と思われる。ミラーニューロンは高等霊長類に見られる大脳の中の細胞群で、共感能力に関係していると言われている。相手の行動を見ると、自分も同じ行動をしている時の脳領域が反応することがある。相手の行動を見て、視神経から当該の脳領域に刺激が行き着くプロセスを介在するニューロン群だと考えられる。

　発見したのはイタリアの学者で、一九九六年のことだ。マカクザルを目の前にしてアイスクリームを食べた研究者を見たサルの脳内で、サル自身がアイスクリームを食べたときに興奮する脳領域と同じ脳領域が興奮したのである。他者の行動を見て、あたかも自分が同じ行動をしているかのように感じるわけだ。例えば、目の前の相手が笑うと、自分が笑う時に興奮する脳領域が興奮し、何となく笑いたくなる。相手が怒っていると、自分も不機嫌になるといった経験をお持ちの方も多いと思う。これはミラーニューロンがなせる業だ。

　ダンバー数以下の集団では、お互いに顔を合わせて意思疎通ができるので、明示的なルール（例えば法律といったもの）を作らなくても、集団の秩序は保たれる。むしろ厳密なルールを決めてコンプライアンス至上主義を貫くと、集団としてのまとまりは悪くなる。明示的なルールには必ず穴があり、ルールを守ることに固執すると、かえって効率が悪くなるからだ。

ダンバー数以上の集団では、お互いに顔見知りでもなく、以心伝心というわけにはいかないので、ルールを作って集団を統制しないと、秩序が保たれないのだ。例えば、大きな会社では勤務に関する細かいルールを決めないと、会社はアノミーになって崩壊してしまうが、ダンバー数以下の会社では、厳密なルールを作らなくても、状況に応じてアド・ホックに対応したほうがうまくいくことが多い。

お互いに性格や得手不得手を知っている集団では、この仕事はAが得意だからAに頼もう。この仕事はBとCにやってもらおう、といったことが、ルールを経ずにスムーズに決まる。仕事をみんなで公平に分け合おうとか、順番を決めて順番通りにやろうとかいったルールを作って、ルールに固執するとうまくいくものもいかなくなることが多い。

さて、物々交換がスムーズにいくコミュニティとはどういうものかを考える。交換のルールを厳密に決めて、それを守らせると、交換はなかなかスムーズにいかない。物の価値がかなり違ったものを交換する時に、得したほうが証文を出して、将来、今度はその証文と引き換えに、相手から物を貰えば、一対一の場合は取引が成立するが、途中で物の価値が変動すると、「得した、損した」という話になって、ちょっと、ややこしくなる。

例えば、先の例でいうと、鶏一羽とキュウリ四本を交換する話で、交換時点で、鶏一羽はキュウリ四〇本に値するとして、鶏を貰ったほうは将来三六本のキュウリを差し上げます、という証文を出すとしよう。さて、キュウリの価値は乱高下するので、キュウリの価値が一番高い時に証文を持ってきてキュウリ三六本をよこせと言われると、[illegible]したほうはむかつくかもしれない。コミュニティのルールでそう決めたのだからルールを守れということになると、その時はしぶしぶ証文と引き換えにキュウリ三六本を出[illegible]ても、もうあいつとは二度と取引しないということになりかねない。

ルールがなければ、ダンバー数以下のコミュニティの成員の間では、どれが価値が高いか低いか、大体の共通了解があるので、複数回の交換を通して、何となく帳尻が合うような交換が成立するだろう。一見《いちげん》さんや良く知らない人とでは、こういった取引は成立しない。コミュニティが大きくなりすぎると、ルールがなければ、物々交換はうまく機能せず、結局貨幣を介在させたほうが合理的だという話になる。ダンバー数以下の物々交換コミュニティは、最終的には相互扶助システムなので、あまりにもせこくて自分だけ得しようという人はコミュニティの成員になれない。

伝統的な村社会と異なるところは、血縁関係で繋がっているわけではなく、グローバル・

キャピタリズムの将来に見切りをつけた人たちが限界集落に入ってきて、お互いにしがらみがなく、現金収入を増やすことに固執しないで生きるべく、新しいタイプのコミュニティができることだ。物々交換システムの肝は、なるべくコストをかけずに、高価値のものを作るといった効率性を追求するのではなく、その土地の風土に合った作物をコンスタントに作れるように持続性と定常性を大事にするところにある。短期的には高収量を上げられるが、しばらくすると土地が疲弊するようなやり方はダメである。

さまざまな食べ物を作るほうが好ましいので、農業だけでなく、家畜の世話をするのが得意な人、魚を飼うのが得意な人、といったようになるべく異なる技術を持っている人がいるほうがうまく機能する。別に農業をやらなくとも、農機具を修理するのが得意でも、子どもの面倒を見るのが大好きでもよい。こういう能力も交換可能な価値になる。農機具を修理したり、子どもの面倒をみたりして、貨幣を介さないで、労働と農作物を交換することも可能だからだ。

グローバル・キャピタリズムに牛耳られている現代社会では、生活に必要なすべてのインフラは国家権力と大企業に押さえられているため、停電になったら電力会社に、水道が止まったら水道局に、食料が入手できなくなったら、スーパーやコンビニに、それでも埒が明かなければ自治体や政府に、文句を言う以外に術がない。要するに、困った時はクレーマーになる以外に方法がないのだ。

都会に出て企業の下で働き、いくばくかの賃金を貰い、それで生活に必要なものをすべて購入する生活をしている限り、ここから逃れ出る術はない。その結果、社会は、ごく少数のお金持ちと大多数の貧しい層で構成されるようになるのは避けられない。逃れる方法はグローバリズムに見切りをつけて、できる限り自立すべくローカリズムに肩入れする以外にない。その具体策として、今の日本で最も可能性がありそうなのは、農村に移り住んで、ダンバー数以下の物々交換コミュニティを作って、なるべく貨幣に頼らずに生活することである。

農村と言っても、伝統的な農村で、昔から住んでいる人が大勢いる集落に移り住んで、物々交換コミュニティを作ろうとしても、今までのしきたりがあってなかなか難しいだろう。徐々に変えることもできなくはないだろうが、人々の意識を変えることはとても難しく、大概は挫折するだろうと思う。

廃村になって誰も住んでいないところであれば、新しいコミュニティを作るのは簡単である。限界集落でほとんどが高齢者という集落であれば、相互扶助システムの中にお年寄りを巻き込んで、土地を提供してもらう代わりに、できた作物を提供するといった形で、あまり軋轢もなく、コミュニティを作ることができるに違いない。

こういったコミュニティが日本の過疎地にたくさんできて、貨幣だけに頼らず、生活できることが分かるようになれば、故郷を捨てて都会に出てきた人たちも、Uターンして、故郷に帰って、同じようなコミュニティを作るだろう。大恐慌が起きて、外国から食物やエネルギーが入ってこなくなったら、都会の貧しい労働者は飢えに直面するだろうが、農村で物々交換コミュニティを作っている人々は何とか生き延びるはずだ。

日本の豊かな山河を潰して、原発や、メガソーラーや、風力発電を設置して、短期的な金もうけだけに奔走している、グローバル・キャピタリズムの先にあるのは、自然環境を破壊した後の破滅だけだ。一〇〇年後、二〇〇年後まで生き延びるためには、自然のリズムに沿った、コトバの本来の意味でのサステイナブルな生産システムに切り替えなければならない。サステイナブル・ディベロップメントという人口に膾炙した口当たりの良いコトバは、矛盾している。サステイナブルとディベロップメントは背反しているからだ。

中産階級以下の人が優雅に生きようとするならば、短期的な利潤だけを追求するラットレースから降りて、貨幣に全面依存しないで生きられるような定常システムを構築して、ダンバー数以下の信頼できるコミュニティの中で生活するのが一番いいと思う。ネットを通して情報は世界から届き、世界に発信することができるわけで、「井の中の蛙、大海を知らず」ということにはならないのだから、ローカリズムは決して閉鎖的な志向性ではない。

いま世界は、懸命にグローバル・キャピタリズムの延命を図っている勢力と、ローカリズムに軸足を移そうとしている勢力のせめぎあいの最中にある。そこにＡＩの発展が絡んで、五〇年後の世界は今とは全く様変わりしていることだろう。私はすでにこの世の人ではないので、この目で見られないのは残念だけれども、それは仕方がない。というわけで、本書はこれでお仕舞いです。

MdN新書
011

環《かん》境《きょう》問《もん》題《だい》の嘘《うそ》 令《れい》和《わ》版《ばん》

2020年10月11日 初版第1刷発行

著 者 池《いけ》田《だ》清《きよ》彦《ひこ》
発行人 山口康夫
発 行 株式会社エムディエヌコーポレーション
〒101-0051 東京都千代田区神田神保町一丁目105番地
https://books.MdN.co.jp/
発 売 株式会社インプレス
〒101-0051 東京都千代田区神田神保町一丁目105番地
装丁者 前橋隆道
DTP 三協美術
写真提供 ロイター／アフロ
編集協力 藤田侊一郎
印刷・製本 中央精版印刷株式会社

カスタマーセンター
万一、落丁・乱丁などがございましたら、送料小社負担にてお取り替えいたします。
お手数ですが、カスタマーセンターまでご返送ください。

落丁・乱丁本などのご返送先
〒101-0051 東京都千代田区神田神保町一丁目105番地
式会社エムディエヌコーポレーション カスタマーセンター TEL：03-4334-2915

・販売店のご注文受付
インプレス 受注センター TEL：048-449-8040／FAX：048-449-8041

るお問い合わせ先
エヌコーポレーション カスタマーセンターメール窓口 info@MdN.co.jp
質問は、Eメールのみの受付となります。メールの件名は
質問係」としてください。電話やFAX、郵便でのご質問にはお答えできません。

健一 Editor 加藤有香

-20035-2 C0230